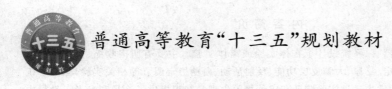

普通高等教育"十三五"规划教材

动物生理学实验教程

第 2 版

主　编　王月影　朱河水
副主编　宋予震　宁红梅　马彦博　查光明

U0259716

中国农业大学出版社

·北京·

内 容 简 介

本教材根据不同的器官、系统设计了在体实验或离体实验。主要有肌肉收缩、血液、循环、呼吸、消化、能量代谢测定、泌尿、大脑皮层功能、反射活动、血糖稳定调节等相关实验,涵盖了机体各系统的生理功能,为学生通过实验验证和求证相关生理学知识提供了途径和参考。教材中的空白化设计可以使学生及时记录实验操作和结果等,把教材和实验报告融为一体;教材中的背景知识有利于学生理解实验内容,思考题为学生设计实验、探索新知识提供思路和参考。本实验教程适用于高等农林院校动物医学、动物科学、动物药学、动物检疫、药物制剂、生物工程、水产等相关专业的学生。

图书在版编目(CIP)数据

动物生理学实验教程 / 王月影,朱河水主编. —2 版. —北京:中国农业大学出版社,2019.8(2021.9重印)

ISBN 978-7-5655-2265-9

Ⅰ.①动… Ⅱ.①王…②朱… Ⅲ.①动物学-生理学-实验-高等学校-教材 Ⅳ.①Q4-33

中国版本图书馆 CIP 数据核字(2019)第 177423 号

书　　名	动物生理学实验教程　第 2 版		
作　　者	王月影　朱河水　主编		

策划编辑	张　程　潘晓丽	责任编辑	潘晓丽
封面设计	郑　川		
出版发行	中国农业大学出版社		
社　　址	北京市海淀区圆明园西路 2 号	邮政编码	100193
电　　话	发行部 010-62733489,1190	读者服务部	010-62732336
	编辑部 010-62732617,2618	出　版　部	010-62733440
网　　址	http://www.caupress.cn	E-mail	cbsszs@cau.edu.cn
经　　销	新华书店		
印　　刷	北京时代华都印刷有限公司		
版　　次	2019 年 9 月第 2 版　2021 年 9 月第 2 次印刷		
规　　格	787×980　16 开本　11.25 印张　200 千字		
定　　价	30.00 元		

图书如有质量问题本社发行部负责调换

第 2 版编写人员名单

主　编　王月影　朱河水

副主编　宋予震　宁红梅　马彦博　查光明

编　者　(按姓氏笔画排序)

马彦博(河南科技大学)

王月影(河南农业大学)

王林枫(河南农业大学)

宁红梅(河南科技学院)

朱河水(河南农业大学)

宋予震(河南牧业经济学院)

苏兰利(河南工业大学)

陈　宇(河南农业大学)

张艳红(河南科技学院)

查光明(河南农业大学)

韩立强(河南农业大学)

第1版编写人员名单

主　　编　王月影　朱河水

副主编　王林枫　韩立强　查光明

编　　者　（以姓氏笔画排序）

王月影（河南农业大学）

王林枫（河南农业大学）

宁红梅（河南科技学院）

司晓辉（四川农业大学）

朱河水（河南农业大学）

江青东（郑州牧业高等专科学校）

吕锦芳（安徽科技学院）

苏丽娟（河南农业大学）

李和平（河南农业大学）

李留安（天津农学院）

杨雪峰（河南科技学院）

查光明（河南农业大学）

栾新红（沈阳农业大学）

韩立强（河南农业大学）

第 2 版前言

根据国家中长期人才发展规划纲要、国家中长期教育改革和发展规划纲要的精神,结合动物生理学实验课程的特点,2010 年与国内几所农林院校合作,编写了《动物生理学实验教程》(第 1 版),以期适应我国高等教育新形势下加强实践教学环节的要求,达到培养学生发现问题、分析问题、解决问题的能力以及实践创新能力的目的。《动物生理学实验教程》(第 1 版)依据"动物生理学"实验教学大纲、农科类考研实验大纲要求进行编排,内容丰富,形式新颖,出版后受到相关高校师生的欢迎。

"动物生理学"是多数农科类院校考研的初试必考科目,在研究生入学复试中,动物生理学实验是考查学生动手能力的重要手段。近年来,随着生理科学的发展以及计算机生物信号系统的更新,第 1 版教材部分内容已不能完全适应教学要求,有必要补充和更新相关内容。为了提高教材的质量和扩大使用范围,经协商,河南5 所开设"动物生理学"课程的高校联合对《动物生理学实验指导》(第 1 版)进行重新修订,第 2 版教材增加了红细胞比容的测定、ABO 血型鉴定和交叉配血实验等,更新了生物信号系统的相关设备,并对第 1 版教材部分其他内容进行了更新和修订。

本书的最大特点是将实践与理论知识充分结合,不仅增强了学生对动物实验的认知和兴趣,而且通过实践操作加深了学生对生命活动规律的理解。更重要的是,通过实验,学生学会科学的思维方法,提高分析问题和解决问题的能力,培养学生对科学实验的严肃态度、认真精神、严谨的工作方法和实事求是的工作作风。

由于编写人员水平有限,本书肯定存在疏漏和不足之处,恳请各院校师生在使用过程中批评指正,以便进一步修订和完善。

编　者
2019 年 6 月

第1版前言

　　《国家中长期人才发展规划纲要(2010—2020年)》提出高等学校要探索并推行创新型教育方式方法,突出培养学生的科学精神、创造性思维和创新能力。与此相对应,《国家中长期教育改革和发展规划纲要(2010—2020年)》明确指出高等学校要全面实施高校本科教学质量与教学改革工程。教师要把教学作为首要任务,不断提高教育教学水平,加强实验室、课程教材等教学基本建设。

　　本教程编者根据以上两个纲要的精神,结合动物生理学实验课程的特点,编写了此实验教材,以期适应我国高等教育新形势下加强实践教学环节的要求,达到培养学生发现问题、分析问题、解决问题能力以及实践创新能力的目的。本教程内容安排上前半部分为动物生理学实验的基本理论和技术,侧重学生基本知识和基本技能的培养,为学生自我学习、自我设计实验打下基础。后半部分为参考实验项目,实验项目的选定基于动物机能学的整体观点,结合了动物生理学、病理学、药理学课程的联系,使本教程符合动物科学、动物医学、动物药学、动物检疫、生物工程、药物制剂、生物科学等专业的培养计划和需要。具体实验项目的内容安排上结合了实验指导和实验报告两个部分,并采用可拆式活页形式,便于学生实验过程中的学习、记录以及资料的汇集和整理。实验内容中既有传统的实验目的、实验原理、实验材料、实验步骤与记录、结果与分析、注意事项等,又有思考题以及背景知识。从而不但希望培养学生动手能力、分析问题能力,而且希望通过激发学生的兴趣,充分调动学生学习积极性和主动性,培养学生发现问题的能力,为创新打下基础。

　　总之,本教材在内容上侧重理论与实践相结合,集实验指导、实验报告为一体,在装订形式上采用活页方式,期望学生不但能在实验中验证理论,同时也能在实验中学会发现问题,并大胆假设,通过自我设计实验而小心求证,达到学以致用、用而有效的目的。

　　感谢河南农业大学教务处和中国农业大学出版社为本书出版给予的指导和帮助。由于编写人员水平有限,本书肯定存在疏漏和不足之处,恳请各院校师生在使用过程中批评指正,以便进一步修订和完善。

编　者

2010 年 7 月

目　录

动物生理学实验的目的、方法和要求

一、动物生理学实验的目的

　　动物生理学是一门实验学科，其发展建立在实验和观察分析基础上。动物生理学实验课的目的是通过实验使学生逐步掌握动物生理学实验的基本操作技术，了解动物生理学实验设计的基本原理和获得动物生理学知识的科学方法，通过验证某些讲授过的基本理论，帮助学生理解、巩固和掌握部分理论内容。更重要的是通过实验，使学生学会科学的思维方法，提高分析问题和解决问题的能力，培养学生对科学实验的严肃态度、认真精神、严谨的工作方法和实事求是的工作作风。

二、动物生理学实验的研究方法

　　根据动物的组织器官是在整体条件下进行实验，还是将其解剖取下，置于人工环境条件下进行实验，可将动物生理学实验研究方法分为离体实验方法和在体实验方法。

（一）离体实验方法

　　离体实验是根据实验目的和对象的需要，将所需的动物器官或组织按照一定的程序从动物机体上分离下来，置于人工环境中，设法在短时间内保持它的生理功能，而进行研究的一种实验方法。此种方法的优点在于能摒弃组织或器官在体内受到的多种生理因素的综合作用，能比较明确地确定某种因素与特定生理反应的关系。但由于离体实验的实验对象已去除了整体时中枢神经的控制，所以离体实验得出的结论还不能直接推广到整体时的情况。

（二）在体实验方法

　　在体实验是在动物处于整体条件下，保持欲研究的器官于正常的解剖位置或从体内除去(拟从反证的角度),研究动物或某器官生理功能的实验方法。在体实验又可分为活体解剖实验和慢性实验。

(1)活体解剖实验 在动物麻醉(或破坏脑髓)情况下,对其进行活体解剖,以便观察组织、器官机能在不同情况下的变化规律。这种方法比慢性实验方法简单,易于控制条件,有利于观察器官间的相互关系和分析某一器官功能活动过程与特点,但与正常功能活动仍有一定差别。

(2)慢性实验 是使动物处于清醒状态,观察动物整体活动或某一器官对于体内情况或外界条件变化时的反应。在慢性实验前,首先必须对动物进行较为严格的消毒、手术。根据实验目的要求,对动物进行一定处理,如取出或摘除某个器官,或埋入某种药物、电极等。手术之后,使动物恢复接近正常状态,再观察所暴露器官的某些功能,摘除或破坏某器官后产生的生理功能紊乱等。

慢性实验以完整动物为实验对象,所取得的结果能比较客观地反映组织或器官在正常活动时的真实情况,比离体实验有更大的真实性,但是由于动物处于体内各种因素综合控制下,因此,对于实验结果所产生原因比较难以确定。

由于离体实验和活体解剖实验过程不能持久,实验后动物往往不能存活,故又称为急性实验法。

三、动物生理学实验的要求

(一)实验前要求

(1)仔细阅读《动物生理学实验教程》中的有关内容,了解本次实验的目的、要求,充分理解本次实验的原理,熟悉实验项目、操作步骤和程序,了解实验的注意事项。

(2)结合实验阅读相关理论知识,必要时还需要查阅一定的资料,做到充分理解实验原理与方法,力求提高实验课的效果。

(3)预测实验各个步骤应得的结果,对预测的结果尽可能地做出合理的解释。估计实验中可能出现哪些异常现象并拟定对策。

(4)熟悉所用仪器的性能和手术的基本操作方法。

(5)进入实验室后及时清点并安放实验器材,在方便使用的基础上,力求整齐、清洁、有条不紊。

(6)实验小组内人员进行合理分工,在确保实验顺利进行的同时兼顾每个人的动手机会。

（二）实验中要求

（1）遵守实验室规则。

（2）按程序正确操作仪器和手术器械，按实验步骤进行实验，不随意更改，不进行与实验无关的活动。

（3）爱惜实验动物和标本，使其保持良好的兴奋性；节约药品、水、电，爱护实验设备，确保实验完成。

（4）认真听指导教师的讲解和示教操作，对于一些经验性的提示需特别注意。

（5）仔细、耐心地观察和记录实验过程中出现的各种现象，进行认真思考和分析。如出现了什么现象，为什么出现这种现象，这种现象有什么生理意义。若出现非预期结果，还应分析其原因，尽可能地及时解决。

（6）实验中要有耐心，必须等前一项实验基本恢复正常后，才能进行下一项实验，注意观察实验的全过程。

（7）实验过程出现疑难之处，先自己设法排除。若一时解决不了则及时向指导教师汇报情况，请求协助。

（8）注意个人安全，特别是使用易燃易爆和腐蚀性试剂时要规范操作规程。

（三）实验后要求

（1）将实验所用器械擦洗干净并妥善安放。如有损坏或缺少，及时向任课教师报告。做好实验室的清洁工作，检查水电，关好门窗，并将实验动物放置于指定地点。

（2）整理实验记录，进行合理的分析处理后作出实验结论。

（3）认真撰写实验报告，按时交任课教师评阅。

四、动物生理学实验结果的记录和分析

（一）实验结果的记录

实验结果的记录是实验中最重要的部分，负责将实验过程中所观察到的现象如实地记录下来：凡属于测量性质的结果（如高低，长短，多少，快慢等），均应以正确的单位和数值定量。如呼吸频率，不能只说加快或减慢，而应标出呼吸频率加快或减慢的具体数值和单位；一般凡有曲线记录的实验，都应在曲线上标注说明（如标注刺激记号、具体项目）。

实验结果的记录要求是：

（1）真实性　真实的记录实验结果和现象，不管实验结果与自己预测的是否相同，都应实事求是地记录。记录要真正反映客观事实。

（2）原始性　要及时记录实验最原始的现象和数据，如果不能保持实验现象和数据的原始性，实验结果就失去了真实性。

（3）条理性　记录要整洁而有顺序，学会用简明的词记下完整的结果，以便于实验结束后整理和总结分析。

（4）完整性　完整的实验记录应包括题目、方法和步骤、结果、实验日期和实验者等。

（二）实验结果的分析

实验过程中所得到的结果应以实验教学班为单位进行整理和分析，求出均数、标准差及进行差异显著性检验。对于实验过程始终进行连续记录的曲线，可以将有代表性的曲线进行编辑，并作出相应的注释。实验所获数据、资料进行必要的统计学处理之后，为了便于比较、分析，提倡将实验结果中某变量的增减以及诸变量之间的相互关系以图表的方式明确地表达出来，这种直观的印象有助于理解和记忆，而且可以节约文字。作表时，一般将观察项目（如刺激的各种条件）列在表内左侧，由上向下逐项填入，表的右侧可按时间或数量变化的顺序由左至右逐格写入。绘图时，根据是否为连续性的变化，常选用曲线图和柱状图。图表的绘制是动物生理学实验的基本要求，也是今后科学研究资料的整理和论文写作的一项必不可少的技能。

五、动物生理学实验报告的撰写

动物生理学实验课中无论是学生自行操作，还是示教的实验项目，每一位学生都应按照实验的具体内容独立、认真地完成实验报告。实验报告是对实验的全面总结，是理论联系实际和应用知识的重要环节，是对学生撰写科学论文能力的初步培养，可为今后的科学研究打下良好的基础。实验报告要文字简练、条理清楚、观点明确、字迹清楚，正确使用标点符号。在使用计算机生物信号采集处理系统进行实验时，实验报告可采用网上提交。实验报告有一定的格式：

　　动物生理学实验报告

　　姓名　　　　班级　　　　　组别　　　　　日期

　　实验序号及实验题目

　　实验目的原理

　　材料

　　方法步骤

　　实验结果

　　讨论分析

　　书写实验报告时需要注意以下几点：

　　(1)实验目的原理尽可能简明扼要地说明。

　　(2)实验方法如与《动物生理学实验教程》所提的方法相同,可简写为"见《动物生理学实验教程》××页"即可。若在实验仪器或方法上有所变动,或因操作技术影响观察的可靠性时,可将变动之处作简要的说明。

　　(3)实验结果是实验报告中最为重要的部分,应将实验过程中所观察到的现象和经过处理后的原始资料进行真实、正确、详细地描述。有记录曲线的应进行合理的剪切、归类,在实验报告的适当位置进行粘贴,并加以标注和必要的文字说明,如曲线的序号、名称、施加(或撤销)刺激(药物)的标记,刺激及显示、记录参数(或药物名称、浓度或剂量)、定标单位,效(反)应时程的变化过程等。有的实验结果是数据,可绘制成图表进行表达,使结果更形象生动;也可用表格,使结果更清晰,便于相互比较;或者几种方法综合运用。

　　(4)讨论分析是实验报告中最具有创造性的工作部分,是学生独立思考、独立工作能力的具体体现,因此应该严肃、认真,不能盲目抄袭书本和他人的实验报告。进行实验结果的讨论,首先要判断实验结果是否为预期的,然后根据已掌握的理论或查阅资料所获得的知识,对实验结果进行有针对性的解释、分析,并指出其生理意义。如果出现和预期的结果相矛盾的地方,也应分析其产生的原因。如实验中尚有遗留问题没有解决,学生可尽可能地对问题的关键提出自己的见解。

动物生理学常用实验动物和基本操作技术

一、常用实验动物

常用实验动物包括哺乳类实验动物和非哺乳类实验动物。

(一)非哺乳类实验动物

1. 青蛙、蟾蜍和牛蛙

用于蛙心起搏点、蛙心灌流及药物对心脏作用的实验等。蛙舌与肠系膜是观察炎症和微循环变化的良好标本。蛙类坐骨神经腓肠肌标本可用来观察药物对周围神经、横纹肌或神经肌接头的作用。蛙的腹直肌可以用于胆碱能物质生物测定。此外,蛙类还能用于水肿和肾功能不全的实验。青蛙和蟾蜍不容易获得,目前主要用牛蛙进行此类实验。

2. 鱼类

鱼对某些药物、毒气十分敏感,只要含有极微量的成分就可引起很强的反应;以鱼进行药理、毒理试验,除以死亡为指标外,对其习性的影响可能更为灵敏,对研究某些含量低或药理作用弱而需长期口服给药的中草药可能更为适宜;鱼对某些中枢神经兴奋或抑制药的反应比较敏感;结果判断明确并易于掌握;在饲养管理上,鱼是一种比较经济的实验动物。

3. 鸽

鸽的听觉和视觉非常发达,对于姿势的平衡反应也很敏锐。在生理学实验中常用鸽观察迷路与姿势的关系,当破坏鸽子一侧半规管后,其肌紧张协调发生障碍,在静止和运动时失去正常的姿势。还可用切除鸽大脑半球的方法来观察其大脑半球的一般功能。鸽子呕吐反应敏感,适合做呕吐实验。

(二)哺乳类实验动物

1. 小鼠

小鼠是医学实验中用途最广泛和最常用的动物。它体形小、产仔多、繁殖周期短、饲料消耗少、价格低廉、温顺易捉、操作方便,能复制出多种疾病模型。它适用于动物需要量大的实验,以满足统计学的要求,如胰岛素的生物效价测定、半数致死量的测定等。另外小鼠具有发达的神经系统,常用于复制神经官能症模型。当研究指标主要为组织学特别是光镜观察时,小鼠因器官较小可节省人力、物力。

2. 大鼠

大鼠体形大小适中,繁殖快,易饲养,性情不像小鼠温顺。受惊时表现凶恶,易咬人。雄性大鼠间常发生殴斗和咬伤。除此之外,大鼠具有小鼠的其他优点,故在医学实验中的用量仅次于小鼠,广泛用于病毒、细菌、寄生虫病研究,药物研究,肿瘤研究,以及胃酸分泌、胃排空、水肿、炎症、休克、心功能不全、黄疸、肾功能不全等实验。常用品种有 Sprague-Dawlry 大鼠、Wistar 大鼠。

3. 豚鼠

豚鼠分为短毛、长毛和刚毛3种。短毛种豚鼠的毛色光亮而紧贴身体,生长迅速,抵抗力强,可用于实验。其余两种对疾病非常敏感,不宜用于实验。豚鼠对组胺敏感,并易致敏,常用于抗过敏药实验,如平喘药和抗组胺药实验,也常用于离体心脏、子宫及肠管的实验。豚鼠对缺氧的耐受性强,常用作缺氧耐受性实验和测量耗氧量实验。又因它对结核杆菌敏感,故也常用于抗结核病药物的治疗研究。豚鼠还用于钾代谢障碍、酸碱平衡紊乱等实验研究。

4. 家兔

家兔性情温和,容易获得,其颈部迷走、交感和减压神经各自成束,使其成为血压的神经体液性调节和减压神经的传入性放电观察最适宜的动物。家兔可用于心血管系统、呼吸系统、泌尿生殖系统、神经系统的实验。

5. 犬

广泛适用于许多系统的急、慢性实验研究。其体形大,血管、输尿管和消化腺排出管粗大坚韧,便于分离和插管。神经系统较发达,外周神经干较粗,易于辨认,内脏构造及其比例与人类很相近。适用于消化系统实验、尿生成的影响因素实验、循环系统中插管测压实验以及神经系统的部分实验。

6. 小型猪

猪在解剖学、生理学、疾病发生机理等方面与人极其相似,作为实验动物已广泛应用于肿瘤、心血管病、糖尿病、外科、牙科、皮肤烧伤、血液病、遗传病、营养代谢病、新药安全性评价等生物医学研究的多个方面,在生命科学研究领域中具有重要的实际应用价值。我国主要品系或资源有版纳微型猪近交系、五指山小型猪近交系、广西巴马小型猪、贵州小型猪、甘肃蕨麻小型猪、藏猪等。

二、实验动物的捉拿及保定

常用实验动物的捉拿及保定方法如图 1 至图 10 所示。

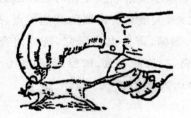

图 1　小鼠捉拿法

图 2　大鼠捉拿法

图 3　豚鼠捉拿法

图 4　猫捉拿法

图 5　蟾蜍捉拿法

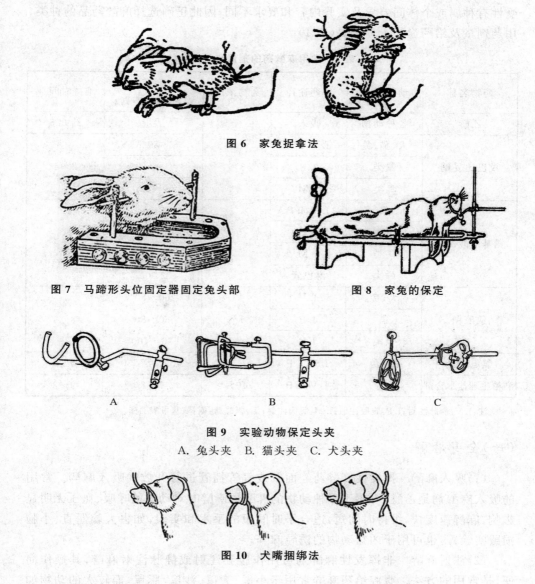

图 6　家兔捉拿法

图 7　马蹄形头位固定器固定兔头部　　　图 8　家兔的保定

A　　　　　　　　B　　　　　　　　C

图 9　实验动物保定头夹
A. 兔头夹　B. 猫头夹　C. 犬头夹

图 10　犬嘴捆绑法

三、实验动物的麻醉

在急、慢性动物实验中,手术前恰当的麻醉对保证实验的顺利进行和获得满意的实验结果有着十分重要的作用。由于麻醉药品的作用特点不同,动物的药物耐受性有种属或个体间差异及实验内容和要求不同,因此正确选择麻醉药品的种类、用药剂量及给药途径十分重要(表1)。

表 1　常用麻醉药的剂量和用法

药物名称	动物种类	给药途径	药物浓度	剂量/(mg/kg 体重)	维持时间/h
乙醚	各种动物	吸入	—	适量	约 0.5
戊巴比妥钠	犬、猫、兔	I. V,I. P	3%	30	2～4
	鼠类	I. P		45	
	鸟类	I. M		50～100	
氨基甲酸乙酯	犬、猫、兔	I. V,I. P	10%～25%	1 000	2～4
	鼠类	I. P		1 000	
	鸟类	I. M		1 250	
	蛙类	淋巴囊		2 000	
氯醛糖	犬、兔	I. V	1%	60～80	3～4
	猫	I. P		60～80	
	鼠类	I. P		80～100	
氯氨合剂	猫、兔	I. V,I. P		氯 75 氨 750	5～6
酒精生理盐水合剂	兔	I. V,I. P	40%	7～8	2～3

注:I. V:静脉注射;I. P:腹腔注射;I. M:肌肉注射;氯:氯醛糖;氨:氨基甲酸乙酯。

(一)全身麻醉

(1)吸入麻醉　挥发性麻醉药经面罩或气管插管进行开放式吸入麻醉。常用的吸入麻醉剂是乙醚,可用于多种动物的麻醉。麻醉时对动物的呼吸、血压无明显影响,麻醉速度快,维持时间短,适合于时间短的手术和实验,如去大脑僵直、小脑损毁实验等,也可用于凶猛动物的诱导麻醉。

(2)注射麻醉　非挥发性麻醉剂可用作腹腔注射或静脉注射麻醉,其操作简便,是常用的方法。腹腔给药麻醉常用于小鼠、大鼠、沙鼠、豚鼠,而较大的动物如兔、犬等常用静脉注射给药进行麻醉。在进行静脉注射时,剂量的前 1/3 药物可以较快的速度注入,以期快速渡过兴奋期,其余药物注入速度宜慢些,且应边注射边观察动物的反应,当确定已达到麻醉效果时,即可停止给药。麻醉或手术过程中动物未达到要求时可追加不超过 1/5 的剂量。

（二）局部麻醉

局部麻醉药物能可逆地阻断神经纤维传导冲动，从而产生局部麻醉作用。进行局部麻醉时，药物浸入神经纤维的方式主要有 2 种：

（1）用作表面麻醉时，药物通过点眼、喷雾或涂布作用于黏膜表面，转而透过黏膜接触黏膜下神经末梢而发挥作用。该类药物除具有麻醉作用外，还有较强的穿透力，如丁卡因、利多卡因。

（2）作浸润麻醉时，用注射的方法将药物给药到神经纤维旁。此类药物只需有局部麻醉作用，不一定要求有强大的穿透力，如普鲁卡因（对氨苯甲酸酯）、布比卡因、利多卡因（其效力是普鲁卡因的 2 倍）。

（三）麻醉注意事项

（1）麻醉前应正确选用麻醉药品、用药剂量及给药途径。

（2）进行静脉麻醉时，先将总用药量的 1/3 快速注入，使动物迅速渡过兴奋期，余下的 2/3 量则应缓慢注射，并密切观察动物麻醉状态及反应，以便准确判断麻醉深度。

（3）如麻醉较浅，动物出现挣扎或呼吸急促等，需补充麻醉药以维持适当的麻醉。一次补充药量不宜超过原总用药量的 1/5。

（4）麻醉过程中，应随时保持呼吸道通畅，并注意保温。

（5）在手术操作复杂、创伤大、实验时间较长或麻醉深度不理想等情况下，可配合局部浸润麻醉或基础麻醉。

（6）实验中注意液体的输入量及排出量，维持体液平衡，防止酸中毒及肺水肿的发生。

四、实验动物的处死方法

1. 脊椎脱位法

此法是将实验动物的颈椎脱臼，断离脊髓致死，为大、小鼠最常用的处死方法。操作时实验人员用右手抓住鼠尾根部并将其提起，放在鼠笼盖或其他粗糙面上，用左手拇指、食指用力向下按压鼠头及颈部，右手抓住鼠尾根部用力拉向后上方，造成颈椎脱臼，脊髓与脑干断离，实验动物立即死亡。

2. 断头法

此法适用于鼠类等较小的实验动物。操作时，用左手按住实验动物的背部，拇指夹住实验动物右腋窝,食指和中指夹住左前肢,右手用剪刀在鼠颈部垂直将鼠头剪断,使实验动物因脑脊髓断离且大量出血死亡。

3. 击打法

主要用于豚鼠和兔的处死。操作时抓住动物尾巴或两后肢,提起,用力摔击其头部,使大脑中枢遭到破坏,动物痉挛后立即死去。用木槌等硬物猛烈打击实验动物头部,也可致死。由于重击头颅骨中心,脑大范围出血而使其中枢神经系统功能得以阻抑。

4. 急性大失血法

此法适用于各种实验动物,采用使动物在短时间内大量失血的方法处死动物。如用鼠眼眶动脉和静脉急性大量失血方法使鼠立即死亡;对于较大的动物(犬、兔、猫等)可采用切断股动脉、腹主动脉和颈动脉的方法迅速放血,一般在 3~5 min 内即可致死。使用这种方法的好处是,动物安静,不损伤脏器。需要时还可以采集其血液。

5. 空气栓塞法

处死兔、猫、犬常用此法。在实验动物的静脉内注入一定量的空气,形成肺动脉或冠状动脉空气栓塞,或导致心腔内充满气泡,心脏收缩时气泡变小,心脏舒张时气泡变大,从而影响回心血液量和心排血量,引起循环障碍、休克、死亡。空气栓塞处死法注入的空气量,猫和兔为 20~50 mL,犬为 90~160 mL。

6. 静脉注射麻醉药

此法多用于处死豚鼠和家兔。快速过量注射非挥发性麻醉药(给药量为深麻醉时的 30 倍),或让动物吸入过量的乙醚,使实验动物中枢神经过度抑制,导致死亡。

五、常用动物生理学实验手术方法介绍

1. 气管插管术

采用手术暴露、游离出动物(以家兔为例)气管,并在气管下穿一较粗的线。用剪刀或专用电热丝于喉头下 2~3 cm 处的两软骨环之间,横向切开气管前壁约 1/3 的气管直径,再于切口上缘向头侧剪开约 0.5 cm 长的纵向切口,整个切口呈"⊥"。若气管内有分泌物或血液要用小干棉球拭净。然后一手提起气管下面的线,一手将一适当口径的气管插管斜口朝下,由切口向肺方向插入气管腔内,再转动插管使其斜口面朝上,用线结扎于套管的分叉处,加以固定。

2．颈动脉插管术

事先准备好插管导管，取适当长度的塑料管或硅胶管，插入端剪一斜面，另一端连接于装有抗凝溶液（或生理盐水）的血压换能器或输液装置上，让导管内充满溶液。给动物静脉注射肝素（500 U/kg），使全身肝素化（也可不进行此操作），分离出一段颈动脉，在其下穿两根线备用。将动脉远心端的线结扎，用动脉夹夹住近心端，两端间的距离尽可能长。用眼科剪在靠远心端结扎线处的动脉上呈 45°剪一小口，约为管径的 1/3 或 1/2，向心脏方向插入动脉导管，用近心端的备用线，在插入口处将导管与血管结扎在一起，其松紧以开放动脉夹后不致出血为度。小心缓慢放开动脉夹，如有出血，即将线再扎紧些，但仍以导管能抽动为宜。将导管再送入 2～3 cm，并使结扎更紧些，以使导管不致脱落。用远心处的备用线围绕导管打结、固定。操作完毕后将血管放回原处。

3．瘤胃瘘管安装术

动物全身麻醉或腰椎旁传导麻醉后右侧卧保定。左腹部以 0.25% 普鲁卡因进行局部浸润麻醉，常规处理手术视野区。在左侧肋骨后缘 3～4 cm（羊）处，自腰椎横突下 3 cm（羊）或 5 cm（牛）起垂直切开皮肤 5～6 cm（羊）或 10～15 cm（牛），常规剖腹并拉出瘤胃后背盲囊，在瘤胃与腹壁间围以纱布，将瘤胃壁与皮肤作 4～6 针临时缝合（防止食糜流入腹腔）。在瘤胃壁血管较少处，作二道荷包缝合，只通过浆膜及肌层不通过黏膜，大小视瘘管定。然后全层切开瘤胃壁，装入瘘管后，收紧荷包缝合线，塞上瘘管塞子，拆去临时缝合线，将瘘管纳入腹腔。分两层缝合腹壁肌肉，注意瘘管在体表的位置（应视瘤胃的自然位置，但稍偏上为好），间断缝合皮肤。常规术后处理，一周后拆线，可用于实验（图 11）。

A　　　　　　B　　　　　　C　　　　　　D

图 11　瘤胃瘘管安装
A. 荷包缝合线的部位　B. 切除一块胃黏膜
C. 回绕作第二次荷包缝合　D. 缠绕纱布于瘘管外盘之下

4．十二指肠体外吻合瘘安装术

腰部神经传导麻醉后，动物左侧卧固定于手术台上，常规处理手术视野区。术部施浸润麻醉后,在右部腰椎横突下正中垂直切开皮肤5～7 cm,常规剖腹找出十二指肠,在距胰导管后4～6 cm 的肠壁上做四道围绕肠管的缝合(相距各为0.5 cm),缝线只穿过浆膜与肌层。然后将中间两道缝线分别收紧结扎,于两结扎间将肠管切断,断端用碘酊涂敷消毒,塞入肠内,收紧并结扎另外二道缝线,制成盲端。在离盲端1～2 cm 的肠壁上各做一椭圆形荷包缝合,切开肠壁后分别装入吻合瘘,在两个吻合瘘上,于肠壁与腹膜间各装一个带有多个孔的塑料垫片以固定瘘管,用手术刀在附近腹壁上另开一创口,以固定一个瘘管,另一瘘管可在手术创口内固定,使两瘘管口的相对距离为5～7 cm,逐层缝合腹膜、肌肉、皮肤,吻合管间用软塑料管连接。7 d 后拆线可进行实验(图12)。

5. 鼠肾上腺摘除术

将实验鼠用乙醚麻醉后俯卧固定,于最后肋骨至骨盆区之间背部剪毛。用碘酊消毒后,从最后胸椎处向后,沿背部中线切开皮肤1.0～1.5 cm(大鼠约3 cm)。先在一侧,于最后肋骨后缘和背最长肌的外缘分离肌肉。用镊子扩大创口,露出脂肪囊,找到肾脏,在肾脏的前上方就可看到由脂肪组织包裹的粉黄色绿豆大小的肾上腺(图13);用外科镊子钳住肾上腺和与其相连的脂肪、结缔组织,不必结扎血管就可轻轻摘除腺体。将肌肉创口缝合。用同样方法,再摘除另一侧肾上腺,最后缝合皮肤,并涂以碘酊。

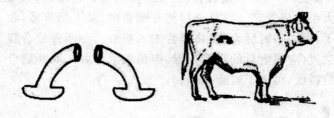

图12　十二指肠体外吻合

图13　鼠肾上腺示意图
1. 肾上腺　2. 肾脏

六、动物生理学实验常用手术器械

(一)常用手术器械

动物生理学实验常用手术器械与医学外科手术器械大致相同,但也有一些专用器械,现仅介绍常规的手术器械。

1．手术刀

主要用于切开和解剖组织，由刀柄和刀片两部分组成，可根据手术部位与性质，选择大小不同的刀片。常用的执刀法有4种(图14)。

(1)执弓式　为最常用的一种执刀方式，动作范围广而灵活，用于腹部、颈部或股部的皮肤切口。

(2)握持式　用于切割范围较广，用力较大的切口。如截肢、较长的皮肤切口等。

(3)执笔式　用于切割短小切口，用力轻柔而操作精细。如解剖血管、神经，作腹膜小切口等。

(4)反挑式　用于向上挑开，以免损伤深部组织，如挑开脓肿等。

1　　　　2　　　　3　　　　4

图14　执手术刀法
1. 执弓式　2. 握持式　3. 执笔式　4. 反挑式

2．手术剪和粗剪刀

手术剪分钝头剪、尖头剪。其尖端有直、弯之分。主要用于剪皮肤、肌肉等软组织。也可用来分离组织，即利用剪刀尖插入组织间隙，分离无大血管的结缔组织。另外，还有一种小型的眼科剪，主要用于剪血管和神经等软组织。一般说来，深部操作宜用弯剪，不致误伤。剪线大多为钝头直剪，剪毛用钝头、尖端上翘的剪毛剪。正确执剪姿势是用拇指与无名指持剪，食指置于手术剪的上方(图15)。粗剪刀，为普通的剪刀。在蛙类的实验中，常用来剪蛙的脊柱、骨和皮肤等粗硬组织。

3．止血钳

用于钳夹血管或出血点，以达到止血的目的。也用于分离组织，牵引缝线，把持和拔出缝针等。执止血钳的姿势与执手术剪姿势相同(图16)。开放止血钳的手法是：利用右手已套入止血钳环口的拇指与无名指相对挤压，继而以旋开的动作开放止血钳。止血钳按手术所需，分直或弯、有齿或无齿、长柄、无损伤以及大、中、小等各类型，例如直止血钳用于手术部位的浅部或皮下止血；弯血管钳用于较深部止血；蚊式止血钳用于精细的止血和分离组织。

4．持针钳

用于把持缝针,缝合各种组织。使用时应利用持针钳的最尖端夹持缝针,而缝针被夹持的部位应在缝针尾端和中部交界处。执持针钳与执手术剪姿势相同,但为了缝合方便,可不必将拇指和无名指套入环口中,而把持于近端柄处。

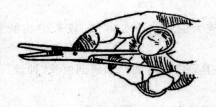

图 15　执剪法　　　　　　　　　图 16　执钳法

(二)其他器械

(1)动脉夹　主要用于短期阻断动脉血流,如在插动脉套管时用。

(2)蛙心夹　使用时将蛙心夹的前端夹住蛙心尖部,另一端借助丝线连于换能器上进行心脏活动的记录(图 17)。

(3)各种插管　根据实验的目的和方法的不同,在动物生理学实验中需用到各类插管,以作引导各生物信号之用和维持动物生命活动之需。如引导胸内负压所用的孟氏导管(图 18);用于急性动物实验时插入气管,以保证呼吸通畅或记录呼吸运动信号的气管插管(图 19);用不同粗细塑料管制成的动脉、静脉、输尿管插管等。

(4)检压计　为固定于木板上的 U 形玻璃管,板上标有刻度。玻璃管内装有水银或有颜色的水,分别称为水银检压计和水检压计。当其压力发生变化时,则液面(浮标)上下活动。前者用于高压系统实验(如测量动脉血压),后者用于低压系统实验(如测量静脉血压或胸膜腔内压)(图 20)。

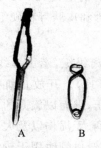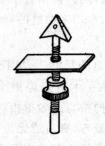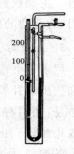

图 17　动脉夹和蛙心夹　　图 18　孟氏导管图　　图 19　气管插管　　图 20　检压计
A. 动脉夹　B. 蛙心夹

七、动物生理学实验常用仪器

(一)生物信号采集处理系统

不同厂家生产的生理信号采集处理系统型号不同,基本原理相似,动物实验中常用的是成都仪器厂的 RM6240 系统和成都泰盟软件有限公司的 BL－420 系统,下面以 RM6240 为例介绍该系统。RM6240 系统有 EPP、USB 两种接口,目前多采用 USB 接口。RM6240 生物信号采集处理系统适用于 Windows 9x、Windows 2000、Windows NT 和 Windows XP 等操作系统,共享 Windows 资源。仪器采用 12 位 A/D 转换器,采样频率 100 kHz(并口机型)或 200 KHz(USB 高速机型),仪器全程控调节控制。RM6240 有 4 个输入阻抗 100 MW 信号输入通道,频率响应为 DC～10 kHz。每一通道的放大器均可作生物电放大器、血压放大器、桥式放大器使用,还可作肺量计(配接流量换能器)、温度计(配接温度换能器)、pH 计(配接 pH 放大器)等,具有记滴、监听、全隔离程控刺激器(刺激器自带刺激隔离器)功能。RM6240 具有 4 个模拟通道。可用物理通道和模拟通道对各通道动态地进行微分、积分、频谱分析及相关分析等数据处理。系统可处理多种生理信号,具有信号实时显示、记录、波形分析、处理、打印等多种功能。

1. 系统组成

系统由硬件和软件两部分组成。硬件包括主机和各种信号线。软件是 RM6240.EXE 及多个实验子模块组成。主机面板上设置有外接信号输入插孔、刺激器输出插孔、记滴插孔及监听插孔(图 21)。

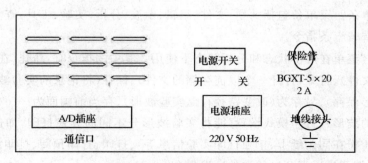

图 21　RM6240C 硬件面板

2. 软件操作说明

(1)运行软件　打开主机后,用鼠标双击计算机桌面上的"RM6240生物信号采集处理系统"图标即可进入实验系统(图22)。

(2)软件概述　软件运行时分为4种状态:打开界面后进入等待状态;开始采集波形后进入示波状态;记录波形状态;停止记录波形后进入分析状态(实验波形的分析、处理都在此状态下进行)。该软件的界面如图22所示,4个通道的界面可随意放大或缩小(按"Alt+H"键即可还原)。

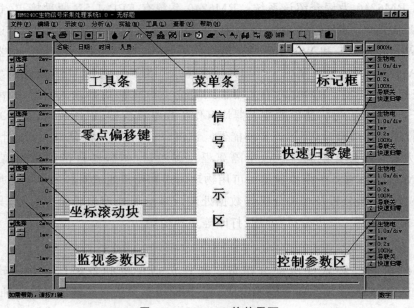

图22　RM6240C软件界面

①菜单条。菜单条包括8项:文件、编辑、示波、分析、实验、工具、查看和帮助,每项又含有若干条指令。

"文件"菜单在等待状态和分析状态下使用。其中的指令有:新建(在系统中建立一个新文件)、打开(打开一个以前存储的文件)、保存(将记录的实验波形或经过处理的波形保存)、另存为(改变路径存储实验波形)、存当前画面为……(保存当前屏幕显示的波形)、打印模式设置(能将实验波形分不同的方式打印,如连续打印、一次打印4份在同张纸上、单独打印实验信息等)、打印、打印预阅、打印设置、最近文件命令(打开最近打开过的文件)、退出命令。

"编辑"菜单通常在分析状态下使用。其中的指令有:数据编辑(在记录下的波形中,按住鼠标左键并拖动鼠标即可选取任意范围需要编辑的波形,选中的波形背景颜色为黑色)、剪切(将被选中的波形从文档中删除)、复制(复制被选中的波形)、粘贴(粘贴被选中的波形)、撤销。

"示波"菜单在示波状态和记录状态下使用。其中的指令有:开始示波(开始采集波形并实时显示)、开始记录(将显示的波形记录下)、暂停记录、停止记录、程控记录(用户可随意选择一段时间来记录波形)、记滴(用于尿滴等实验)、刺激(在实验里加上电刺激)、50 Hz陷波(去除波形中的干扰信号)、导联开关(ECG肢体导联及胸导联开关设置)等。

"分析"菜单只在分析状态下使用。其中的指令有:波形前移(可使波形前移一格或十格)、波形后移、标记查询(可查找在记录波形时加入的任意标记)、开始反演(反演实验中所记录的波形)、鼠标捕捉(复制所选区域的图形)、移动测量(随鼠标移动,测量波形任意点的时刻和振幅)、斜率测量(测量波形任意点的斜率)、面积测量(测量所选区域的面积)、区域测量(测量所选区域内的信号最小值、最大值、峰—峰值、平均值)、传导速度测量(用于"神经干动作电位"实验中传导速度的测定)、周期测量、显示测量信息等。

"实验"菜单中包含了大量的常规机能实验的实验包,在等待状态下直接点击后,系统将自动设置好有关参数并开始采集波形,操作者只需记录保存即可。除了各种实验的操作指令外,还有保存自定义实验项目(可将操作者自行设定好的实验参数,作为新的实验包保存起来)、打开自定义实验项目、最近实验参数等指令。

"工具"菜单中含有各种界面操作指令:坐标滚动(选中后,界面右边将弹出一滚动条,拉动该滑动块可使坐标和波形一起沿垂直方向滚动,从而扩大了波形的显示范围)、零点偏移(横坐标固定,而波形基线则可上下移动)、波形放大、波形缩小、波形还原、浏览视图(在分析状态下,浏览记录文件的所有波形)、网格切换(对通道背景网格进行切换)、选项(操作者可自行选择波形的颜色、走纸方向、网格的颜色及显示方式等等)、启动实时存盘与数据恢复(可在突然断电的情况下保存波形、数据)。

"查看"菜单中的指令可选择各种视窗的显示与否。

"帮助"菜单为操作者提供使用该系统的各种信息。

②工具条。工具条的位置处于菜单条的下方。工具条是提供一种快捷途径:菜单条中最常用的指令,都能在工具条中找到对应的图标(只需鼠标直接点击即可)。在操作工具条时,一旦鼠标指向某图标即会弹出其指令名称。

　　③控制参数区。可选择当前通道模式和调节灵敏度、时间常数、滤波、扫描速度等参数(均可通过图22左边的下拉菜单进行选择)。本系统每个通道都是多功能放大器,均可作血压放大器、张力放大器、呼吸流量放大器、生物电放大器等(由通道模式决定)。鼠标在通道参数区各功能键上移动可看到各功能键的功能显示,分别为通道模式、扫描速度、灵敏度、时间常数、滤波频率、导联。用鼠标点击这些功能键可调节各通道的实验参数(图23)。

　　④监视参数区。可查看当前波形的幅度,实时显示当前屏波形的最大值、最小值、平均值等。尤其在做血压波形时,可显示血压波形的基本参数(平均收缩压、平均舒张压、平均血压和心率)。还可以对记录的波形进行微分、积分、频谱、相关图、直方图等各种分析,以适应不同用户的需求。

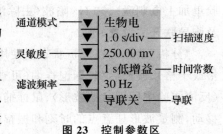

图23　控制参数区

　　⑤零点偏移键。由"工具"菜单中的零点偏移指令所产生。

　　⑥坐标滚动块。由"工具"菜单中的坐标滚动指令所产生。

　　⑦信号显示区。用于显示各通道信号、分析波形和刺激信号等。

　　⑧标记框。做实验时,操作者往往要用实验动物作不同的项目、加入不同的药物。在记录状态下,通过标记框选择所用药物名称(或自行输入项目名称),用鼠标右键在波形所需位置单击,即可将该药物(或项目)名称加在所选位置处,停止记录后所加药名与波形自动保存。

(二)电子刺激器

　　电子刺激器所产生的波形有方波、正弦波和锯齿波。其中因方波波形简单、强度变化率大、参数易控而常用。

　　脉冲数:脉冲(单刺激或双刺激)时的刺激脉冲个数。

　　波间隔:刺激时第一个刺激脉冲和第二个刺激脉冲之间的时间间隔。

　　刺激强度:方波幅度,可用电压或电流表示。电流强度从几微安到几十毫安,电压一般在200 V之内。刺激强度过小,不能使实验对象兴奋,刺激强度过大,则可引起组织内电解和热效应而使其损伤。因此,在实验过程中应注意给予适宜的刺激强度。

刺激时间:是指方波的持续时间,又称波宽。一般刺激器的持续时间从几十毫秒到数秒。

刺激频率:指单位时间内的刺激次数,一般以不超过 1 000 次/s。刺激频率的选择随实验对象的不同而变化。

同步脉冲:表示一次刺激的时间起点。同步脉冲的使用可以使整个实验系统的各仪器具备一个共同的时间起点,以保持时间上的同步。如刺激器的同步脉冲输出到示波器的同步输入来触发其进行一次扫描,也可送到另一台刺激器使两台刺激器之间保持一个特定的时间关系。

延迟:是指从同步脉冲到刺激方波出现的时间差。调节延迟可控制方波出现的时机,以利于实验现象的记录和观察。两台同步的刺激器亦可通过调节延迟来控制其先后次序和时间间隔。

刺激器使用方法与注意事项:

①连接好电源线、刺激输出线、同步触发线(当需要触发信号时);接通电源,(指示灯亮);根据实验需要选择刺激参数。

②在选择刺激参数时,刺激强度和波宽应由小到大,逐渐增加,以免刺激过强损伤组织。

③刺激器输出的两个电极不可短路,否则会损坏仪器。

④要注意频率(或主周期)与延迟、波宽、串(脉冲的)个数和波间隔等的关系。应保证:

主周期>延迟+波宽,或主周期>延迟+波间隔 × 串个数

(三)换能器

1. 压力换能器

能将压力变化的信号转换为电信号,经压力放大器将此信号放大,可在记录系统上直接进行记录(图 24)。从结构上看,压力换能器主要有压力室和应变片组成。压力室的透明罩上有两个连通口,用于灌注液体、排气和连接插管。另一端为内装应变片惠斯登电桥和与记录系统相连接的标准接口;从原理上看,压力换能器主要为内装力敏应变片惠斯登电桥,力敏元件具有压阻效应,受拉伸长时阻值增大,受压缩短时阻值变小的特性。在正常情况下,惠斯登电桥维持电桥平衡。当被测压力的改变通过插管进入压力室,压力作用于膜片上,内装的应变片随之弯曲或

伸直而使电阻值发生变化,电桥失去平衡而引起随压力大小成比例变化的电压输出。

压力换能器测量范围因型号不同而有差异,根据具体信号特性采用相应的压力换能器。使用时,应垂直安放,使其转换时零点变化小,排除气泡也方便。实验开始前应先将换能器位置调整合适,固定后再与记录系统相连。接通换能器前应先调好记录系统放大部分的平衡,使基线位于零线。

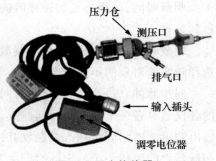

图 24　压力换能器

注意事项:严禁用注射器向密闭的测压系统管道内推注液体;避免碰撞,以免断丝;与记录设备初次配合使用时需定标。

2. 张力换能器

张力换能器可用于各器官如心脏、胃肠、子宫、胆道、血管和气管等肌肉的收缩活动记录。原理与压力换能器类同。张力换能器由换能头、柄和输出导线等组成。换能头是一个弹性较好的悬梁式传感器,悬梁臂的游离端有一小孔供悬挂标本用,其外形见图 25。使用时先将双凹夹夹住换能头,固定在铁支柱上,然后将换能头的输出导线端直接插入记录系统输入口。受试标本一端固定,另一端挂在换能器悬梁臂游离端的受力点上,即

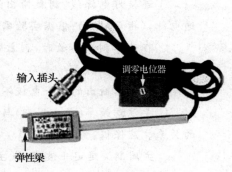

图 25　张力换能器

可描出收缩曲线。张力换能器有几种规格,根据实验所需张力大小,一般教学实验选用负荷 5～30 g 者。

注意事项:

①不能用手牵拉弹性悬梁和超量加载。张力换能器的弹性悬梁其屈服极限为量程的 2～3 倍,如量程为 5 g 的换能器在施加了 15 g 力后,弹性悬梁将不能恢复其形状,即换能器被损坏。

②防止水进入换能器内部。张力换能器内部没有经过防水处理,水滴入或渗入换能器内部会造成电路短路,损坏换能器,累及测量的电

子仪器。

　　③压力换能器不能碰撞，应轻拿轻放。压力换能器的内部由应变丝构成电桥，应变丝盘绕在应变架上，应变架结构精密，应变丝和应变架在碰撞和震动时，会发生断丝或变形。

　　④压力换能器与记录设备初次配合使用时需定标。

3. 呼吸流量换能器

　　呼吸流量换能器由差压阀、差压换能器和放大器组成(图 26)，可以测呼吸波(潮气量)和呼吸流量。使用时可直接连接到动物的气管上进行测量。与记录设备初次配合使用时需定标。

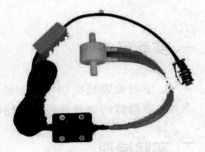

图 26　呼吸流量换能器

实验一　蛙坐骨神经-腓肠肌标本制作

一、实验目的

1. 学习捣毁蛙类动物脑和脊髓的实验方法；
2. 掌握蛙的坐骨神经-腓肠肌标本的制备方法。

二、实验原理

蛙类的一些基本生命活动和生理功能与恒温动物相类似,若将蛙的神经-肌肉标本放在任氏液中,其兴奋性在几个小时内可保持不变。若给神经或肌肉一次适宜刺激,可在肌肉上产生一个动作电位,肉眼可看到肌肉收缩和舒张一次,表明神经和肌肉产生了一次兴奋。在生理学实验中常利用蛙的坐骨神经-腓肠肌标本研究神经-肌肉的兴奋、兴奋性、刺激与反应的关系和肌肉收缩的特征等。

三、实验材料

1. 实验对象　蟾蜍或牛蛙。
2. 实验试剂　任氏液。
3. 仪器与器材　手术器械、蛙针、蛙板、培养皿、烧杯、棉花、丝线、玻璃分针、大头钉、锌铜弓等。

四、实验步骤与记录

实验步骤	实验记录
1. 破坏脑和脊髓：取蟾蜍或牛蛙一只，用水冲洗干净（勿用手搓）。左手握住蟾蜍或牛蛙，使其背部向上，用大拇指或食指使其头后仰（以头颅后缘稍稍凹下为宜）。用蛙针从枕骨大孔垂直插入，然后使蛙针与身体呈水平方向，向前伸入颅腔，捣毁脑组织；之后拉蛙针至枕骨大孔，不要完全拉出，先变垂直方向，然后呈水平方向，向后插入椎管，捣毁脊髓。彻底捣毁脊髓时，可看到蟾蜍或牛蛙后肢蹬直、瘫软。如果蛙处于瘫痪状态，表示脑和脊髓完全破坏。然后沿两侧腋部将蛙横断为上、下两半，并将前半段弃去，保留后半段备用（图 1-1）。	①椎骨大孔的位置： ②蛙针插入颅腔或椎管搅动时，是否有接触颅腔或椎管壁的摩擦音？ ③破坏脑脊髓后蟾蜍或牛蛙的状态： ④在＿＿＿＿＿＿＿＿剪断脊椎。
2. 剥去皮肤：先剪去尾椎末端及泄殖腔附近的皮肤，然后从脊柱的断端向下撕去皮肤，将其全部剥去，直至趾端。除去内脏，将标本放在滴有任氏液的蛙板上（图 1-1）。将手及使用过的解剖器械洗净。	①剪断脊椎后，去除内脏方法： ②撕掉皮肤后，标本放置：
3. 分离标本为两部分：沿脊柱正中线将标本匀称地剪成左右两半，一半浸入盛有任氏液的培养皿中备用，另一半作进一步剥制（图 1-1）。	坐骨神经的起点位置：
4. 分离坐骨神经：先在标本的腹侧面用玻璃分针分离坐骨神经的腹腔段，剪断脊柱，使坐骨神经与一小段脊柱相连。将标本转至背侧，沿股二头肌及半膜肌之间的肌沟分离坐骨神经大腿段，向下至腘窝。剥离要小心，用眼科剪剪去神经干的分支，不能撕扯。将分离出来的坐骨神经搭于腓肠肌上。去除膝关节以上的全部肌肉，刮净股骨上的附着肌肉。在股骨上 1/3 处剪去上段股骨及所附的肌肉，仅留坐骨神经及部分股骨（图 1-1）。	①脊椎至坐骨联合处坐骨神经分离方法： ②细小神经分支处理： ③在坐骨联合处，坐骨神经分离方法： ④股骨处理： ⑤如何保持标本的兴奋性：
5. 分离腓肠肌：在跟腱上扎一线，剪断结扎线后的跟腱，左手提线，右手用剪刀游离腓肠肌，直到膝关节，腓肠肌即可分离。在膝关节下方将其他所有组织全部剪去，至此，带有股骨的坐骨神经-腓肠肌标本制备完成（图 1-1）。	①腓肠肌特点： ②记录腓肠肌分离过程：

续表

实验步骤	实验记录
6. 标本的检验:将坐骨神经-腓肠肌标本放置在蛙板上,用锌铜弓(或镊子)刺激坐骨神经,若腓肠肌迅速发生收缩反应,说明标本机能良好,制备成功。应及时将标本放入盛有任氏液的培养皿中,供实验之用。	①标本机能的检验方法: ②刺激与标本兴奋性的关系:

五、结果与分析

1. 用锌铜弓刺激坐骨神经,腓肠肌反应如何?

2. 用其他金属物品(如镊子)刺激坐骨神经,有何反应?用非金属物品刺激坐骨神经,有何反应?为什么?

六、思考题

1. 剥去皮肤的后肢,能用自来水冲洗吗?

2. 标本制备过程中,过度牵拉可能使标本暂时没有收缩现象,在任氏液中浸润一段时间后再行刺激,是否有收缩反应?

3. 用各种刺激检验标本兴奋性时,为什么要从脊椎端开始?

七、注意事项

1. 分离神经时,一定要用玻璃分针,不能用刀、剪进行操作。
2. 剥离肌肉时应按层次剪切,需将周围的结缔组织剥离干净再分离神经。
3. 不能过分牵拉神经,以免造成损伤。
4. 剥制标本时,避免用手指或金属器械接触或夹持标本的神经干。
5. 制备标本过程中,经常用任氏液浸湿神经肌肉,防止干燥。
6. 切勿让蟾蜍的皮肤分泌物和血液等沾污神经和肌肉,也不能用水冲洗,否则会影响标本的机能。
7. 操作过程中应注意使蟾蜍或牛蛙的头部向外侧,不要挤压耳后腺,防止耳后腺分泌物进入眼内,一旦进入,立即用清水冲洗。

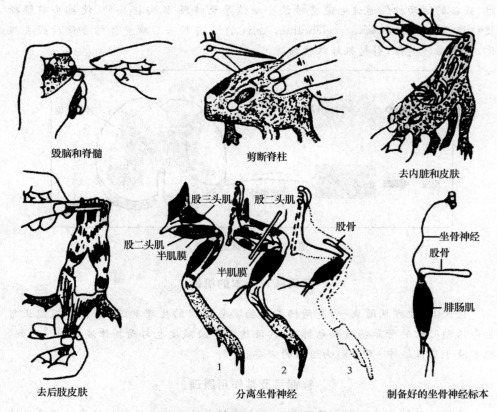

图 1-1 蛙坐骨神经-腓肠肌标本的制备

【背景知识】

坐骨神经-腓肠肌标本的收缩机理

标本由神经和肌肉两部分构成,神经传导兴奋,引起肌肉收缩,共同构成反射活动。反射弧是形成反射的基础结构,反射弧通常是由感受器(就是感觉神经末梢部分)、传入神经、神经中枢、传出神经和效应器(就是运动神经末梢和它所支配的肌肉或腺体)五个部分组成的。简单地说,反射过程是一定的刺激被一定的感受器所感受,感受器发生兴奋;兴奋以神经冲动的形式经过传入神经传向神经中枢;通过神经中枢的分析与综合活动,神经中枢产生兴奋;神经中枢的兴奋经过一定的传出神经到达效应器,使效应器发生相应的活动而形成的(图 1-2)。

坐骨神经是支配下肢运动的主要神经,坐骨神经发出许多分支支配肌肉纤维运动,在神经末梢以接头形式和肌肉纤维连接。当传出神经纤维受到电刺激兴奋时,兴奋的运动神经通过电流将神经冲动传导至神经-肌肉接头处,使接头前膜释放神经递质(乙酰胆碱,acetylcholine,Ach),Ach 与接头后膜受体结合使后膜去极化,产生动作电位,引起肌纤维收缩。

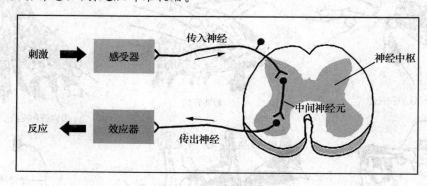

图 1-2 反射弧的构成

任氏液与标本的机能

任氏液(配方见附录一)是两栖类动物实验常用的生理盐溶液,含有组织正常生命活动必需的营养物质和电解质,其渗透压和酸碱度也与动物体液近似。因此,标本浸于任氏液中,不会影响组织的兴奋性。

锌铜弓及其作用原理

将锌片与铜片的一端相连而另一端分离制成的弓状或镊子状的实验用具称为

锌铜弓。锌的电极电位为 -0.76 V，铜的电极电位为 $+0.34$ V，当锌与铜连接时，电流按铜→锌方向流动。当锌铜弓与湿润的活性组织接触时，锌失去电子成为正极，使细胞膜超极化；而铜得到电子成为负极，使细胞膜去极化而兴奋，电流按锌→活体组织→铜的方向流动，形成刺激。由于神经兴奋的电刺激阈值甚小（约 10^{-8} A），而锌铜弓接触组织时产生的电流强度较大，足以构成对神经肌肉的有效电刺激，因此，锌铜弓常被用作检验神经肌肉标本兴奋性的简便刺激装置。注意用锌铜弓测试时，活体组织表面必须湿润。

实验二　刺激强度、刺激频率与肌肉收缩的关系

一、实验目的

1. 掌握神经-肌肉实验的电刺激方法；
2. 学习微机生物信号采集处理系统的使用；
3. 观察分析刺激强度、刺激频率与肌肉收缩的关系。

二、实验原理

　　肌肉的收缩与刺激的强度、频率有关，不同的刺激强度会引起肌肉的不同反应。当刺激强度过小时，不引起肌肉发生收缩反应，此时的刺激为阈下刺激。当刺激强度逐渐增强时，可引起少数肌纤维发生收缩反应，这时的刺激为阈刺激，这种最小收缩反应的有效强度为阈强度。随着刺激强度的加大，参加收缩反应的肌纤维数量的增多，收缩力量也加大，此时的刺激为阈上刺激。当全部肌纤维同时收缩时，即出现最大的收缩反应，即使再增大刺激强度，肌肉收缩的力量也不再随之加大。此时，可以引起肌肉发生最大收缩反应的最小强度的刺激为最适刺激，相应的刺激强度叫最适刺激强度。介于阈刺激和最适刺激间的刺激称阈上刺激，相应的刺激强度称阈上刺激强度。

　　给骨骼肌一次有效的刺激，肌肉将发生一次收缩，这称为单收缩，其全过程包括潜伏期、收缩期和舒张期三个时期。坐骨神经标本单收缩的总时程为 $0.11\ s$，其中潜伏期、收缩期共占 $0.05\ s$，舒张期占 $0.06\ s$，若给予相继两个最适刺激，使两次刺激的间隔小于该肌肉收缩的总时间时，则会出现一连续的收缩，称为复合收缩（或收缩总和）。若两个刺激的时间间隔短于肌肉收缩总时程，而长于肌肉收缩的潜伏期和收缩期时程，使后一次刺激落在前一个刺激的舒张期内，则出现舒张不完全的收缩，这称为不完全强直收缩；若两次刺激的间隔短于肌肉收缩的舒张期，使后一次刺激落在前一次收缩的收缩期内，则出现一次收缩正在进行接着又产生一

次收缩,肌肉出现完全的持续收缩状态,收缩的幅度高于单收缩,称为完全强直收缩。

三、实验材料

1. 实验对象　蟾蜍或牛蛙。
2. 实验试剂　任氏液、30％甘油高渗任氏液。
3. 仪器与器材　RM6240 或 BL-420 生物信号采集处理系统、神经标本屏蔽盒、手术器械、玻璃分针、培养皿、滴管、张力换能器等。

四、实验步骤与记录

实验步骤	实验记录
1. 按实验一方法分离出坐骨神经－腓肠肌标本后,将标本的股骨残端插入肌槽的小孔内固定,将腓肠肌肌腱上的结扎线固定在张力换能器悬臂梁上,松紧适度。调节微距调节器,将前负荷调至 2～5 g。换能器的输出端与生物信号采集处理系统的输入通道相连。	①记录标本与张力换能器的连接过程: ②张力换能器灵敏度的调试:
2. 标本和电极连接(图 2-1):将坐骨神经腓肠肌标本固定在屏蔽盒中,坐骨神经放在刺激电极和引导电极上,保持神经与电极接触良好;同时将引导电极插入或夹住腓肠肌。	标本和电极上的连接过程:
3. 软件操作:打开电脑,然后打开 RM6240 或 BL-420 系统电源,在电脑上点击 RM6240 或 BL-420 系统软件,进入系统软件窗口,点击菜单"实验",选择"刺激强度对骨骼肌收缩的影响"或"刺激频率对骨骼肌收缩的影响"项目。点击菜单上"示波"按钮,查看波形,通过菜单上"上下和左右"图标调节波形的幅度和频率至最佳可视状态,点击"记录"按钮进行描记。	①使用的仪器类型: ②仪器参数设置: 输入信号: 信号类型: 采样频率: 扫描速度: 灵敏度: 时间常数: 滤波频率:

续表

实验步骤	实验记录
4.实验观察 (1)使用"强度递增刺激"模式,刺激强度从 0 开始,自主多次设置递增量,找到阈刺激强度和最适刺激强度,记录收缩曲线。	①阈刺激强度: ②最适刺激强度: ③收缩曲线:
(2)用"双刺激"模式,使两次刺激间隔时间为 0.06~0.08 s,记录复合收缩曲线。	④双刺激引起的收缩曲线:
(3)使用"频率递增刺激"模式,刺激强度设置为获得的最适刺激强度。频率从 1 Hz 开始,可记录到单收缩、不完全强直收缩和完全强直收缩曲线,确定不完全强直和完全强直收缩的刺激频率。	⑤不完全强直收缩频率: ⑥完全强直收缩频率: ⑦强直收缩时的收缩曲线:

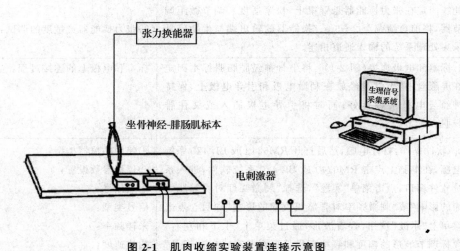

图 2-1　肌肉收缩实验装置连接示意图

五、结果与分析

1. 统计全班各组的结果,以平均值±标准差($\bar{x}\pm SD$)表示。

组 别	第1组	第2组	第3组	第4组	……	平均/V
阈强度/V						
最适刺激强度/V						

2.绘制不同刺激强度与腓肠肌收缩曲线的关系图。

3.绘制不同刺激频率与腓肠肌收缩曲线的关系图。

六、思考题

1.你所制作的标本兴奋性如何？如何保持标本在实验过程中机能稳定？

2.同一标本的阈刺激强度与最适强度是否会发生变化？为什么？

3.从实验中可以看出肌肉收缩由于刺激频率加快而融合,刺激频率多大时才发生融合？引起肌肉收缩的动作电位会不会融合呢？为什么？

4.如果刺激直接施加在肌肉上会出现什么现象？

七、注意事项

1. 实验过程中常用任氏液浸润标本，保持标本的正常生理活性。
2. 每次刺激后须让肌肉休息 30 s 到 1 min，连续刺激间隔不可超过 5 s，以免标本疲劳。
3. 肌槽两电极之间不要残留液体，任氏液过多时，及时用棉球或滤纸片吸掉，防止电极间短路。
4. 在整个连接过程中不可用力牵拉换能器，以避免超过受力范围造成损坏。
5. 找准最适刺激强度，以防刺激过强而损伤神经。
6. 实验过程中，换能器与标本连线的张力应保持不变。

【背景知识】

在神经肌肉标本中，神经、肌肉组织有兴奋性，神经组织的兴奋表现为动作电位，肌肉组织的兴奋主要表现为收缩活动，肌肉的收缩与刺激的强度和频率有关。单根神经纤维或肌纤维对刺激的反应是"全或无"式的。刺激强度到达阈刺激对腓肠肌开始收缩，随着刺激强度的增加，肌肉收缩强度逐渐增强，表现为一定范围内肌肉收缩的幅度同刺激神经的强度成正比。因为坐骨神经干中含有数十条粗细不等的神经纤维，其兴奋性也不相同。弱刺激只能使其中少量兴奋性高的神经纤维先兴奋，并引起它所支配的少量肌纤维收缩。随着刺激强度增大，发生兴奋的神经纤维数目增多，结果肌肉收缩幅度随刺激强度的增加而增加。当刺激达到一定程度，神经干中全部神经纤维兴奋，其所支配的全部肌纤维也都发生兴奋和收缩，从而引起肌肉的最大收缩。此后，若再增加刺激强度，肌肉收缩幅度不再增加。

在最大刺激强度条件下，某较小频率使腓肠肌发生单收缩，频率增大，单收缩变为不完全强直收缩；频率继续增大，不完全强直收缩变为强直收缩。不同的腓肠肌其阈刺激和最大刺激均存在差别。产生不同类型的收缩主要是由于随着频率的增加，刺激落在舒张期结束前（或前一次收缩期内）又开始产生收缩，发生单收缩的复合。各次刺激引起的收缩过程发生融合而叠加，使肌肉强直收缩产生的张力大于单收缩。

当骨骼肌受到一次短促刺激时，可发生一次动作电位，随后出现一次收缩和舒张，这种形式的收缩称为单收缩；当骨骼肌受到频率较高的连续刺激时，可出现以这种综合过程为基础的强直收缩；如果刺激频率相对较低，总和过程发生于前一次收缩过程的舒张期，会出现不完全强直收缩；如果提高刺激频率，使总和过程发生在前一次收缩过程的收缩期,就会出现完全强直收缩。

兴奋的运动神经通过局部电流将神经冲动传导至神经-肌接头,使接头前膜释放神经递质乙酰胆碱(Ach),Ach 与接头后膜 M 受体结合使后膜去极化,后膜去极化至阈电位水平便爆发动作电位,进而引起肌肉的收缩。上述过程中,骨骼肌兴奋的电变化(动作电位)与收缩(长度与张力变化)是两种不同性质的生理过程,但又密切相关。当肌膜产生动作电位后,根据局部电流原理,动作电位可沿肌膜迅速传播,并经由横管膜进入肌细胞内到达三联体部位。动作电位形成的刺激使终池膜上的钙通道开放,贮存在终池内的 Ca^{2+} 顺浓度差以易化扩散的方式经钙通道进入肌浆到达肌丝区域,使 Ca^{2+} 与细肌丝的肌钙蛋白结合,引发肌丝滑行过程,促使肌细胞的收缩。甘油可选择性地破坏肌细胞的横管系统,肌细胞膜虽产生电兴奋,但肌细胞不收缩。

有的标本在制作过程中由于过度的牵拉和刺激,肌肉的兴奋性会降低。随着刺激时间的延长,肌肉的兴奋性也会降低。这是因为肌肉收缩需要消耗能量,随着能量物质的减少,肌肉的收缩逐渐减弱。此外,肌肉中代谢物质和 Ca^{2+}、Na^+、K^+ 等浓度的变化,也会影响肌肉的兴奋性。

实验三 出血时间的测定

一、实验目的

学习出血时间的测定方法。

二、实验原理

出血时间是指从刺破皮肤毛细血管后,血液自行流出到出血自行停止所需的时间,又称止血时间。当毛细血管和小血管受到损伤时,受损伤的血管立即收缩,局部血流减慢,血小板发生黏着与聚集,同时血小板释放血管活性物质及 ADP,形成血小板血栓,有效堵住伤口,使出血停止。

三、实验材料

1. 实验对象 家兔。
2. 仪器与器材 小烧杯、毛剪、75％酒精棉球、采血针、滤纸片、秒表。

四、实验步骤与记录

实验步骤	实验记录
1. 将家兔固定,用毛剪剪去耳缘被毛,并以酒精棉球消毒兔耳剪毛部位。	家兔保定方法:
2. 用采血针刺破耳缘静脉,让血自动流出(图 3-1),立即记下时间,每隔 30 s,用滤纸轻触血液,吸去流出的血,使滤纸上的血滴依次排列,直到无血流出为止(图 3-2)。记录兔的出血时间。	①刺破兔耳的部位: ②兔耳的出血量: ③出血时间(min):

续表

实验步骤	实验记录
3. 记录人的出血时间。换洁净采血针,在人指尖或耳垂部位严格消毒后刺破,测定出血时间,并加以比较。	人的出血时间(min):

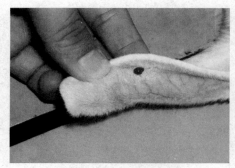

图3-1　刺破兔耳出血

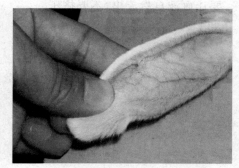

图3-2　兔耳停止出血

五、结果与分析

记录观察结果,将全班各组实验结果进行统计,计算平均出血时间,用平均值±标准差表示。

组　别	第1组	第2组	第3组	第4组	……	平均值
止血时间/min						

六、思考题

1. 论述正常生理性止血过程。

2. 出血时间长短与何种因素有关?

3. 在兔耳根大静脉上刺破血管,凝血时间会有何变化?

七、注意事项

要让血液自然流出，不要挤压。

实验四　凝血时间的测定

一、实验目的

学习凝血时间的测定方法。

二、实验原理

凝血时间是指血液从离开血管后至完全凝固所需的时间。血液流出血管后，接触带负电荷的表面（如玻璃器材）时，受到刺激的血小板就会释放出凝血因子，凝血过程启动，一系列凝血因子相继激活，最后使纤维蛋白原转变为纤维蛋白，血液发生凝固。凝血时间的长短取决于凝血因子的量与活性，而受血小板的数量及毛细血管的脆性影响较小。测定凝血时间可反映出血液本身凝血因子是否缺乏。

三、实验材料

1. 实验动物　家兔。
2. 仪器与器材　采血针、载玻片、秒表、脱脂棉球、75％酒精棉球、尖针。

四、实验步骤与记录

实验步骤	实验记录
1. 将家兔固定，用毛剪剪去耳缘被毛，并以酒精棉球消毒兔耳剪毛部位。	兔耳处理：
2. 用消毒的采血针刺入兔耳 2～3 mm，让血自然流出，用干棉球轻轻拭去第一滴血液，待血液重新自然流出，立即开始计时。	兔耳出血情况：

续表

实验步骤	实验记录
3. 以清洁干燥的载玻片接取一大滴血液（直径 5～10 mm），载玻片水平放置，不要让血滴散开。	载玻片上血滴形状：
4. 2 min 后，每隔 30 s 用针尖轻挑血一次，直至挑起细纤维蛋白丝为止，所需时间即为凝血时间。	①第 1 次挑血时间： ②第 2 次挑血时间： ③第 3 次挑血时间： ④第 4 次挑血时间： ⑤开始凝血时间：

五、结果与分析

记录该实验动物的凝血时间，将各组同学所测的结果记入下列表中，并加以比较，计算平均值。

组　别	第 1 组	第 2 组	第 3 组	第 4 组	……	平均值
凝血时间/min						

六、思考题

1. 简述测定出血时间和凝血时间的意义。

2. 出血时间长的动物凝血时间是否一定延长？

3. 简述血液凝固对机体的生理意义。

七、注意事项

1. 加强分工合作，记录时间须准确。

2. 所用器具必须清洁、干燥。

3. 每支试管加入的血液量要力求一致。

4. 针尖挑血应向一个方向直挑，不可向多个方向挑动或挑动次数过多，以免破坏纤维蛋白网状结构，造成不凝血的假象。

【背景知识】

出血时间是指刺破皮肤后，从出血开始到出血自行停止所需要的时间。凝血时间是指血液流出体外到发生凝固所需的时间。两者均与机体状态有关，但又各有特点。

出血时间的正常值为 1~3 min（纸片法）。出血时间延长，主要有两方面的因素。一是毛细血管本身病变，如过敏性紫癜、坏血病等；二是血小板量的减少或功能缺陷，或者量和质均有问题。血小板减少的疾病，如血小板减少性紫癜、再生障碍性贫血、急性白血病、弥漫性血管内凝血、脾功能亢进等。因血小板功能缺陷引起的疾病如血小板无力症、严重的肝病、血管性假性血友病以及某些药物等，均可引起出血时间延长。出血时间常用于手术前检查以保证手术顺利进行。

凝血时间的长短取决于凝血因子的量与活性。凝血时间延长，表示凝血功能失常，往往是由于血浆中缺乏某种凝血因子所致。严重的血小板减少也可使凝血时间延长。凝血时间延长常见于：①凝血激活酶形成障碍，如血友病；②凝血酶原不足，如维生素 K 缺乏症、严重肝病；③血内抗凝血物质增加，如使用肝素、双香豆素等。凝血时间缩短可导致血栓形成。凝血时间测定常用于某些血液病如血友病、维生素 K 缺乏症的鉴别。

除用来帮助诊断疾病外，凝血时间有时被用来监视肝素等抗凝药物的治疗效果。需要注意的是，出血时间及凝血时间的测定受多种因素影响，有时不易做准。凝血时间的测定在凝血机能有轻度缺陷时，结果仍可正常。所以在看结果时应正确理解其意义，必要时予以复查。

凝血时间正常值因测定的方法不同而不同。其中载玻片法为 2~6 min，试管法为 4~15 min。

试管法测定凝血时间：

1. 取 3 支洁净小试管，排列于试管架上。

2. 取血方法：将家兔称重，按 5 mL/kg 体重的剂量经耳缘静脉注射氨基甲酸乙酯进行麻醉，仰卧固定于兔手术台上，颈部剪毛、碘酒、酒精消毒皮肤，分离一侧颈静脉或股静脉，用带 12 号针头的注射器在静脉血管采血，血进入注射器后，立即开动秒表计时，抽血 3 mL。

3.将所采血液沿管壁缓缓注入 3 支小试管中,每管 1 mL,置于 37℃水浴中。于血液离体后 4 min,每隔 30 s 将第 1 管倾斜一次(约 30°),观察血液是否流动,直至试管倒置血液不再流动(凝固)为止,再依次观察第 2 管,第 3 管。以第 3 管的凝固时间作为凝血时间。

实验其他步骤同玻片法。

实验五　红细胞比容的测定

一、实验目的

学习和掌握测定红细胞比容的方法。

二、实验原理

将定量的抗凝血灌注于特制的毛细玻璃管中,定时、定速离心后,有形成分和血浆分离,上层呈淡黄色的液体是血浆,中间很薄的一层为灰白色,即白细胞和血小板,下层为暗红色的红细胞,彼此压紧而不改变细胞的正常形态。根据红细胞柱及全血高度,可计算出红细胞在全血中的容积比值,即为红细胞比容(压积)(图 5-1)。

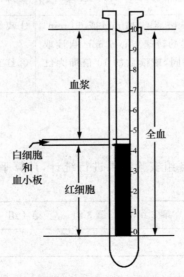

图 5-1　血液各成分的比容

三、实验材料

1. 实验对象　动物种类不限。
2. 仪器与器材　草酸盐抗凝剂($0.8\,g$ 草酸钾·H_2O ＋ $1.2\,g$ 草酸铵·H_2O ＋ 甲醛 $1\,mL$ ＋ 蒸馏水至 $100\,mL$)或 $10\,g/L$ 肝素、75% 酒精、毛细玻璃管(内径 $1.8\,mm$，长 $75\,mm$)或温氏分血管、水平式高速毛细管离心机(或普通离心机)、天平、注射器、长针头、干棉球、刻度尺。

四、实验步骤与记录

实验步骤	实验记录
1. 抗凝管制备。取大试管和温氏分血管各一支，用抗凝剂处理后烘干备用。	制备抗凝管的方法：
2. 取血。静脉取血或心脏取血，将血液沿大试管壁缓慢放入管内，用大拇指堵住试管口，缓慢颠倒试管 2～3 次，让血液与抗凝剂充分混匀，制成抗凝血。用带有长注针头的注射器，取抗凝血 $2\,mL$ 将其插入分血管的底部，缓慢放入，边放边抽出注射针头，使血液精确到 $10\,cm$ 刻度处。	①静脉取血或心脏取血的方法： ②抗凝血的制备方法： ③加注抗凝血的方法：
3. 离心。将分血管以 $3\,000\,r/min$ 离心 $30\,min$ 或 $60\,min$，读取红细胞柱的高度，再以同样的转速离心 $5\,min$，再读取红细胞柱的高度。如果记录相同，该读数的 10 倍即为红细胞比容的数值。	①离心机的设定和使用方法： ②红细胞柱的高度(cm)：

五、结果与分析

记录观察结果，将全班各组实验结果进行统计，计算平均值，用平均值±标准差表示。

组　别	第1组	第2组	第3组	第4组	……	平均值
红细胞比容/%						

六、思考题

1. 测定红细胞比容时，一种常出现的误差来源是什么？误差倾向于增加还是减少？

2. 测定红细胞比容的实际意义是什么？

七、注意事项

1. 选择抗凝剂必须考虑到抗凝剂不能使红细胞变形、溶解。草酸钾使红细胞皱缩，而草酸铵使红细胞膨胀，二者配合使用可互相缓解。鱼类多用肝素抗凝。

2. 血液与抗凝剂混合、温氏分血管注入血液时应避免动作剧烈引起红细胞破裂。

3. 用抗凝剂湿润的毛细玻璃管（或温氏分血管）内壁后要充分干燥。血液进入毛细管内的刻度读数要精确，血柱中不得有气泡。

【背景知识】

红细胞比容又称红细胞压积、红细胞比积，是指一定容积全血中红细胞所占的容积比例。它的多少主要与红细胞数量及其大小有关。血细胞比容测定的临床意义基本同红细胞计数或血红蛋白测定，常用作贫血诊断和分类的指标。还可用于临床决定是否需要补液及补充电解质的实验检查依据。

红细胞比容升高的现象常常是：①剧烈运动或情绪激动；②各种原因所致的血液浓缩，如大面积烧伤、大手术后、严重腹泻、大量呕吐等各种有脱水或者血浆丢失的情况；③继发性和真性红细胞增多和心肌梗死。

红细胞比容降低的情况常发于：①怀孕阶段；②贫血。但由于贫血类型的不同，红细胞体积大小也有不同，故血细胞比容的减少与红细胞数量的减少并不一定成正比。因此必须将红细胞数、血红蛋白量和血细胞比积三者结合起来，计算出红细胞各项平均值才有参考价值。

实验六 红细胞沉降率(血沉)的测定

一、实验目的

1. 了解红细胞沉降率。
2. 掌握红细胞沉降率的测定方法。

二、实验原理

红细胞在血浆中能够保持悬浮稳定而不易下沉,通常以红细胞第 1 小时在血沉管中下沉的距离(mm)表示红细胞沉降的速度,称为红细胞沉降率(简称血沉,ESR),以 mm/h 表示。

将加有抗凝剂的血液置于一特制的具有刻度的玻管内,置于血沉架上,红细胞因重力作用而逐渐下沉,上层留下一层黄色透明的血浆。经一定时间,沉降的红细胞上面的血浆柱的高度,既表示红细胞的沉降率。

三、实验材料

1. 实验对象 牛、马、羊、兔、鸡等均可。
2. 实验试剂 肝素溶液、20%氨基甲酸乙酯水溶液。
3. 仪器与器材 常用手术器械、10 mL 无菌注射器、碘酒、血沉管、血沉管架等。

四、实验步骤与记录

实验步骤	实验记录
1. 采血。将实验动物进行保定。如给牛、马、羊采血,则剪去颈静脉附近的毛,用碘酒消毒,酒精棉球脱碘,然后用消毒的采血针刺破颈静脉。当血液流出时,用试管接住,试管中预先加有肝素溶液作为抗凝剂,抗凝剂与血液之间的容积比例为1∶4。如用兔血,将家兔用20%氨基甲酸乙酯经耳缘静脉按5 mL/kg体重的剂量麻醉,仰卧固定于兔手术台上,颈部剪毛,分离一侧颈静脉,用带12号针头的注射器采血。也可用长针头直接心脏采血。	消毒程序: 麻醉剂使用量: 抗凝剂使用比例:
2. 测定。用清洁、干燥的血沉管,小心地注血至刻度"0"处,多余血液可用脱脂棉捻成细棉条吸出。如用抗凝血,须在注血之前将血液混均。注血时,要绝对避免产生气泡,如有气泡,须重做,将吸有血液的血沉管垂直置于血沉管架上(图6-1)。	多出血液的去除方法: 避免气泡产生的方法:

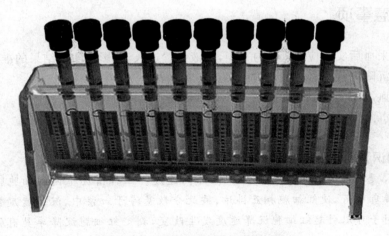

图 6-1　测定红细胞沉积率的装置

五、结果与分析

1.分别在15 min、30 min、45 min、1 h、2 h时检查血沉管上部血浆的高度,以

mm/h 表示,并将所得结果记录于下表:

时间/min	15	30	45	60	120
血沉值/mm					

2. 将各组同学最终测定的结果记入下列表中,加以比较,计算平均值($\bar{x} \pm SD$)。

组　别	第1组	第2组	第3组	第4组	第5组	……	平均值
血沉值/(mm/h)							

六、思考题

影响红细胞沉降的因素是什么?

七、注意事项

1. 采血后实验应在 3 h 内完毕,血液放置过久,会影响实验结果的准确性。
2. 沉降管应垂直竖立,不能稍有倾斜。
3. 血沉架应避免阳光直射、移动和振动。
4. 沉降率随温度升高而加快,故应在室温 22～27℃时测定为宜。

【背景知识】

　　ESR 是指红细胞在一定条件下沉降的速度。正常情况下因红细胞膜表面的唾液酸带负电荷,使红细胞相互排斥,彼此分散悬浮于血浆中,沉降速度较慢。某些病理因子可以引起红细胞沉降速度发生改变,测定红细胞沉降率具有临床诊断价值。

　　血沉增快的病因有:①各种急性的全身和局部感染:活动性结核病、活动性风湿热、类风湿性关节炎、心肌炎、疟疾、肺炎;②组织损伤及坏死;③心肌梗死发病后1周左右;④迅速增长的恶性肿瘤,而良性肿瘤血沉多正常;⑤严重贫血、慢性肾炎、肝硬化、多发性骨髓瘤、甲亢以及铜、砷、酒精中毒。

红细胞沉降过快的原因是由于血浆中的一些物质特别是不对称的大分子蛋白质,如纤维蛋白原,α、β、γ球蛋白,免疫复合物等带有正电荷,中和红细胞表面的负电荷,使红细胞聚集,引起血沉加速;白蛋白具有抑制红细胞聚集的作用;血浆中脂类物质(胆固醇和甘油三酯)对红细胞聚集有促进作用,使血沉加速。此外,红细胞的数量、形状和大小等变化也可影响血沉。

血沉减慢的病因有:真性红细胞增多症及继发性红细胞增多症、弥散性血管内凝血、低纤维蛋白原血症和球形红细胞增多症。

血沉值不是诊断疾病的主要依据,只是辅助指标。

实验七　血红蛋白(Hb)的测定

一、实验目的

掌握比色法测定血红蛋白的方法。

二、实验原理

比色法测定物质浓度的原理为有色物质的浓度与颜色的深浅成正比。血液中血红蛋白的颜色除受其浓度影响外,常因结合氧量的多少而改变。血红蛋白与稀盐酸作用形成不易变色的棕色高铁血红蛋白,可与标准比色板比色,从而消除含氧量的影响。通常以每升血液中所含血红蛋白的克数来表示血红蛋白的含量。

三、实验材料

1. 实验对象　抗凝血。
2. 实验试剂　0.1 mol/L 盐酸、蒸馏水。
3. 仪器与器材　沙里氏(Sahli)血红蛋白计、脱脂棉、滴管、大小烧杯等。

四、实验步骤与记录

实验步骤	实验记录
1. 实验前先检查血红蛋白吸管和测定管是否清洁,如不清洁要洗干净,待清洁后方可进行实验。	测定管情况:
2. 用小滴管将 0.1 mol/L 盐酸加入血红蛋白测定管中,至刻度"2"或"10％"处。	如何准确滴加盐酸溶液:

续表

实验步骤	实验记录
3. 血红蛋白吸管吸取血液 20 μL,吸管保持 30°~45°倾斜,用脱脂棉擦拭吸管周围血液。然后将吸管中的血液轻轻加到测定管底部的盐酸中,反复抽吸使吸管壁上的血液全部进入测定管中,抽吸时避免起泡。放置 10 min,使盐酸和血红蛋白完全作用,形成棕色的高铁血红蛋白。	①如何保证血液混匀: ②记录血液转入测定管的过程: ③血液加入盐酸后颜色的变化:
4. 将蒸馏水逐滴加入测定管中,每次滴加蒸馏水后都要混匀,并插入标准比色箱的空槽内,使无刻度的两面位于空槽的前后方向,与标准比色板进行比色,边滴边混匀边观察,直至溶液颜色与标准比色板的颜色一致或相近为止。	①测定管中沉淀的处理方法: ②加水后颜色的变化:
5. 从比色箱中取出测定管,记录管中液面(凹面)的刻度,算出血红蛋白的含量。血红蛋白的含量有两种计算方法: (1)绝对值法。从管壁绝对值一侧(偶数)直接读出,如液体表面在刻度 12 处,即表示血红蛋白含量为 120 g/L,中间刻度需要估计; (2)相对值法。从百分数一侧(%)读数,如液面在刻度 70% 处,表示所含血红蛋白量为标准值的 70%。为避免所使用的相对值不一致,一般需转化为绝对含量。计算方法是: $x:145=70:100$ $x=101.5(g/L)$	①测定管两侧刻度的含义: ②绝对值法测定的结果: ③相对值法测定的结果: ④比较两种方法的特点:
6. 实验完毕,洗净、清理仪器并归位。	测定管的清洗方法:

五、结果与分析

将各组同学所测的结果记入下列表中,并加以比较,计算平均值($\bar{x} \pm SD$)。

组　别	第 1 组	第 2 组	第 3 组	第 4 组	第 5 组	……	平均值
血红蛋白/(g/L)							

六、思考题

影响血红蛋白含量的主要因素有哪些?

七、注意事项

1. 要准确吸取血液 20 μL,若有气泡进入血红蛋白吸管,或血液被吸入血红蛋白吸管的乳胶头中,都应将吸管洗涤干净,重新吸血,否则会影响测试结果。

2. 加蒸馏水稀释时,应逐滴加入,防止稀释过量。

3. 血液和盐酸作用的时间不可少于 10 min,否则,血红蛋白不能充分转变为高铁血红蛋白,使结果偏低。

4. 比色应在自然光下进行,以免影响结果。

【背景知识】

血红蛋白是体内负责运载氧的一种蛋白质,由 4 个亚基构成,分别为两个 α 亚基和两个 β 亚基,在与体内环境相似的电解质溶液中血红蛋白的 4 个亚基可以自动组装成 α2β2 的形态(图 7-1)。

血红蛋白的每个亚基由一条肽链和一个血红素分子构成。肽链在生理条件下会盘绕折叠成球形,把血红素分子包在里面,这条肽链盘绕成的球形结构又被称为珠蛋白。血红素分子是一个具有卟啉结构的小分子,在卟啉分子中心,由卟啉

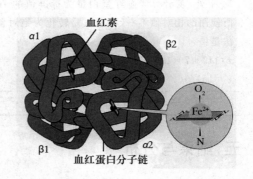

图 7-1　血红蛋白的结构

中四个吡咯环上的氮原子与一个亚铁离子配位结合。珠蛋白肽链中第 8 位的一个组氨酸残基中的咪唑侧链上的氮原子从卟啉分子平面的上方与亚铁离子配位结合,当血红蛋白不与氧结合的时候,有一个水分子从卟啉环下方与亚铁离子配位结合,而当血红蛋白载氧的时候,由氧分子顶替水分子的位置。

　　血红蛋白的四级结构对其运氧功能有重要意义。它能从肺携带氧经由动脉血运送给组织，又能携带组织代谢所产生的二氧化碳经静脉血送到肺。现知它的这种功能与其亚基结构的两种状态有关，在缺氧的地方(如静脉血中)，亚基处于钳制状态，使氧不能与血红素结合，所以在缺氧组织里可以快速地脱下氧；在含氧丰富的肺里，亚基结构呈松弛状态，使氧极易与血红素结合，从而迅速地将氧运载走。亚基结构的转换使呼吸功能高效进行。

　　我国血红蛋白的测定常采用沙里氏血红蛋白计，沙里氏血红蛋白计主要包括标准褐色玻璃比色箱和 1 只方形刻度测定管(图 7-2)。测定管两侧均有刻度：一侧为血红蛋白量的绝对值，以 g/dL(每 100 mL 血液中所含血红蛋白的克数)表示，刻度范围在 2～22 g；另一侧为血红蛋白相对值，以％(相当于正常平均值的百分数)来表示，从 10％～160％。百分数与血红蛋白克数之间的关系因血红蛋白计的型式而异，可参照使用说明书。国产沙里氏型血红蛋白计的 100％ 相当于 14.5 g 血红蛋白。

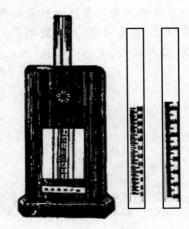

图 7-2　沙里氏血红蛋白计

　　在测定过程中，经常出现血红蛋白异常的情况。

　　1. 引起血红蛋白值偏低的原因

　　①抗凝血存放时间过长，在吸取血样时没有混匀，只吸取上层血液；②血红蛋白吸管里有气泡；③吸管在测定管的底部没有抽吸或抽吸不够；④血液和盐酸的作用时间不足 10 min；⑤测定管底部有沉淀，没有搅匀；⑥贫血。

　　2. 引起血红蛋白值偏高的原因

　　血红蛋白升高，可分为生理性增高和病理性增高。

　　生理性增高：住在高原地区的居民，其红细胞和血红蛋白往往高于平原地区的居民。饮水过少或出汗过多，排出水分过多可导致暂时性的血液浓缩，造成红细胞和血红蛋白轻度升高。新生儿则为生理性增高。

　　病理性升高，有以下几种原因：

　　①严重呕吐、腹泻、大量出汗、大面积烧伤、尿崩症、甲状腺功能亢进、糖尿病、酸中毒等，由于血浆中水分丢失过多，导致血液浓缩，会出现红细胞和血红蛋白量的明显增加。

②慢性心脏病、肺源性心脏病、紫绀型先天性心脏病等，因为组织缺氧，血液中促红细胞生成素增多而使血液中红细胞和血红蛋白量呈代偿性增加。

③某些肿瘤，如肾癌、肝细胞癌、子宫肌瘤、卵巢癌、肾胚胎癌等也可使促红细胞生成素呈非代偿性增加，导致上述的结果。

④真性红细胞增多症是一种原因不明的以红细胞增多为主的血液疾病。

不能单纯从一项检查来判断动物机体的整体情况。血红蛋白数值偏高，应进一步检查判断。单纯血红蛋白升高，要考虑两方面问题：一是相对性增高，见于剧烈呕吐、大量出汗、严重腹泻等；二是绝对性增高，肾脏合成的促红细胞生成素增高、高原反应、某些心脏病(血红蛋白代偿性增高)等。

实验八　红细胞渗透脆性实验

一、实验目的

1. 了解红细胞脆性的含义。
2. 掌握红细胞渗透脆性的测定方法。

二、实验原理

正常情况下，哺乳动物红细胞内的渗透压与血浆的渗透压相等，相当于 0.9% NaCl 溶液的渗透压。若将红细胞置于等渗溶液中，其形态和容积可保持不变。若将红细胞置于高渗溶液内，则红细胞失去内部液体而皱缩；反之，置于低渗溶液内，则水分进入红细胞，使红细胞由两面凹陷的圆盘形变为球形，如继续膨大，即发生破裂溶解，形成溶血。

红细胞对低渗溶液具有一定的抵抗力，其抵抗力大小与红细胞膜脆性有关。通常用不同浓度的 NaCl 溶液来测定红细胞膜的渗透脆性，红细胞膜渗透脆性大的，则对低渗 NaCl 溶液的抵抗力小，NaCl 溶液的渗透压稍有降低，此类红细胞便发生破裂而溶血。反之，脆性小的则对 NaCl 溶液的抵抗力大，NaCl 溶液的渗透压降到一定程度时才使这些红细胞破裂溶血。刚能引起一部分红细胞溶解的低渗 NaCl 浓度可以代表最小抵抗力（最大脆性）；刚好完全溶血的低渗 NaCl 液浓度为红细胞的最大抵抗力（最小脆性）。通常就以抵抗值表示红细胞的渗透脆性。

三、实验材料

1. 实验对象　家兔。
2. 实验试剂　20%氨基甲酸乙酯、1% NaCl 溶液、蒸馏水、75%酒精、碘酒。
3. 仪器与器材　试管(10 支)、试管架、2 mL 移液管、吸耳球、5 mL 无菌注射器、滴管。

四、实验步骤与记录

实验步骤	实验记录
1. 先将试管分别排列在试管架上,按下表中的方法把 1% NaCl 溶液稀释成系列梯度的低渗溶液,每管溶液容积均为 2 mL。	使用移液管加溶液的方法:

项目	试管号									
	1	2	3	4	5	6	7	8	9	10
1% NaCl/mL	1.40	1.30	1.20	1.10	1.00	0.90	0.80	0.70	0.60	0.50
蒸馏水/mL	0.60	0.70	0.80	0.90	1.00	1.10	1.20	1.30	1.40	1.50
NaCl 浓度/%	0.70	0.65	0.60	0.55	0.50	0.45	0.40	0.35	0.30	0.25

实验步骤	实验记录
2. 采血　家兔称重,按 5 mL/kg BW 剂量经耳缘静脉注射 20%的氨基甲酸乙酯进行麻醉,然后仰卧固定于兔手术台上,颈部消毒、剪毛、切开皮肤,分离一侧颈静脉,用带 12 号针头的无菌注射器在颈静脉采血,将血注入抗凝剂管内混匀,备用。	①家兔的保定: ②麻醉后兔的表现: ③向试管转移血液的过程:
3. 用滴管依次快速在上述 10 支试管中分别加入大小相等的新鲜血液 1 滴,上下颠倒使血液与管内盐水溶液混合均匀。	滴加血液的过程:
4. 室温条件下,静置 1 h,观察各试管的溶血情况,将观察现象记录在下表中。根据系列梯度 NaCl 低渗溶液中红细胞的溶血程度,判定出红细胞的最小脆性和最大脆性。	①判断溶血的方法: ②最小脆性: ③最大脆性:
5. 实验完毕,洗净、清理仪器并归位。	试管的清洗和放置方法:

五、结果与分析

梯度 NaCl 低渗溶液中的颜色和透明度情况记录表。

试管号	1	2	3	4	5	6	7	8	9	10
现象										

六、思考题

1. 为什么红细胞在等渗的尿素溶液中迅速发生溶血？

2. 测定红细胞渗透脆性有何意义？

3. 同一个体的红细胞的渗透脆性是否一样，为什么？

4. 在选择抗凝剂时是否应该考虑红细胞的渗透脆性？用何种抗凝剂效果好？

七、注意事项

1. 试管必须清洁、干燥。
2. 配制的各种 NaCl 溶液必须准确，保证每支试管的 NaCl 溶液浓度准确，容量相等。
3. 取血时一定要避免溶血。
4. 每支试管内血液滴入量应准确无误（只加 1 滴），血滴大小应尽量相等。
5. 各管加入血液后应充分混匀，但切勿用力震荡。
6. 观察结果时应以白色为背景，在明亮的自然光下观察判断结果。

【背景知识】

　　正常红细胞为双凹圆盘形，主要含血红蛋白。在低渗盐水中吸水膨胀，一般可增加 70％ 的体积而不破裂，说明红细胞对低渗溶液有一定的适应性，通常把红细胞对这种低渗（或低张）溶液的抵抗能力称为抗张力强度，它与脆性相对。

当红细胞对低渗溶液的抵抗力小于吸水而产生的膨胀力,致使细胞膜破裂,基质溶解,血红蛋白逸出进入溶液中,称为溶血。留下双凹圆盘形的细胞膜空壳叫作"血影细胞"。红细胞在低渗盐溶液中出现溶血的特性,叫作红细胞渗透脆性(erythrocyte osmotic fragility)。相对而言,红细胞由于物理的原因(摩擦、碰撞、挤压等)而引起破裂,称为机械脆性(mechanical fragility)。

红细胞渗透脆性实验是测定红细胞对不同低渗盐水溶液的抵抗力,抵抗力越低就愈易溶血,也即是脆性越大;抵抗力越强,就表明红细胞脆性越小。这种抵抗力还与红细胞的种类、月龄和形状等因素有关,如初成熟红细胞的脆性较小,衰老红细胞的脆性较大;红细胞表面积与体积的比值大的对低渗盐水抵抗力较大(脆性低);反之,则抵抗力较小(脆性大)。球形红细胞与双凹盘形的正常红细胞相比,其红细胞表面积与容积的比值显著变小,其渗透脆性变小。

正常人的红细胞一般于 0.42% NaCl 溶液中开始出现溶血,并于 0.35% NaCl 溶液中完全溶血,故以 0.42%～0.35% NaCl 溶液代表正常红细胞的渗透脆性范围,当患某些疾病时,红细胞脆性会发生变化。能引起红细胞脆性发生变化的有以下两种情况:

1.脆性增高。开始溶血及完全溶血时 NaCl 溶液的浓度均比正常时高 0.04% 或更高,即开始溶血>0.50%、完全溶血>0.38% 的 NaCl 溶液时为脆性增高。主要见于遗传性球形细胞增多症,自身免疫性溶血性贫血病人的红细胞有继发球形化,也可见于遗传性椭圆形细胞增多症。

2.脆性减低。开始溶血及完全溶血时 NaCl 溶液的浓度均比正常时低 0.04% 或更低,即开始溶血<0.38%、完全溶血<0.31% 的 NaCl 溶液时为脆性减低。见于缺铁性贫血、地中海性贫血、链状细胞贫血、靶形红细胞增多症、血红蛋白增多症、脾切除术后、肝脏疾病、阻塞性黄疸等。

因此,测定红细胞渗透脆性对于诊断某些疾病有一定参考价值。

该方法简单实用,但敏感性较差,原因是在操作过程中受试管洁净程度、NaCl 溶液稀释的浓度梯度准确程度、血量控制的准确性(血液和 NaCl 溶液之比约为1:25)、滴管上是否有残存血迹、摇晃力度等因素的影响。此外,细胞膜的特性、流动性、结构、组成成分等的改变,均可使膜的脆性发生改变。

实验九　红细胞计数

一、实验目的

了解红细胞的计数原理并掌握其计数的方法。

二、实验原理

红细胞计数是指单位体积血液中所含的红细胞数目。红细胞计数的方法是使用红细胞计数板,用生理盐水将血液适当稀释后,放入计数板的计数室内,在显微镜下记录一定容积血液稀释液中的红细胞个数,再将所得结果换算成每升血液中的红细胞个数。

三、试验材料

1. 实验对象　抗凝血。
2. 实验试剂　红细胞稀释液(生理盐水)、蒸馏水、95％酒精、乙醚。
3. 仪器与器材　血球计、显微镜、试管、1.0 mL 吸管、5.0 mL 吸管、血红蛋白吸管、血细胞计数板(包括盖玻片)、计数器、擦镜纸、脱脂棉、大小烧杯、冲洗瓶等。

四、实验步骤与记录

实验步骤	实验记录
1. 检查清洗。检查计数板及血红蛋白吸管是否清洁,刻度是否清晰、易辨。如有污垢,应先清洗干净。在低倍显微镜下仔细观察计数板,熟悉计数室的构造。	①血红蛋白吸管清洗方法: ②计数板清洗方法:

续表

实验步骤	实验记录
2.稀释血液。准确吸取生理盐水 4 mL(cm^3)置小试管中，用血红蛋白吸管准确吸取 20 μL(mm^3)的血液，如血液超过刻度，可用脱脂棉球轻触吸管口，吸出一些血液，达到要求的刻度。用脱脂棉球擦去管外面的血液，挤入小试管底部，抽吸数次，洗出血红蛋白吸管内壁黏附的血液，轻轻摇晃，使试管内血液混合均匀，即血液稀释 200 倍。	①血液的吸取过程： ②血液的稀释方法：
3.滴加血样。在计数室上方加盖盖玻片，用吸管吸取稀释血液，弃去 1～2 滴，然后沿盖玻片边缘滴半滴于计数室与盖玻片交界处，稀释血液可自动均匀地流入计数室（图 9-1D）。静置 3 min，待血细胞下沉后，将计数室置于低倍显微镜下，调清视野，进行计数。	加样的方法：
4.红细胞计数。记录计数室四角及中间 5 个中方格（共 80 个小方格）中所有的红细胞数。在一个中方格内，按照"弓"形顺序记录 16 个小方格里的红细胞（图 9-1E）。连续记录选定的 5 个中方格内所有的红细胞数。	红细胞的计数方法：
5. 结果计算 1 mL 血液中的红细胞数$=\dfrac{X}{80}\times400\times200\times10\times1\,000$ $\qquad\qquad\qquad= X\times10^7$ 式中：X 为 80 个小方格内的红细胞总数；400 为 1 个大方格内的小方格数；200 为血液稀释倍数；乘 10 表示 1 μL 血液里的红细胞数（1 个大方格的体积为 0.1 μL）；乘 1 000 表示 1 mL(cm^3)血液中的红细胞数。如发现各中方格红细胞数目相差 20 个以上，表明血细胞分布不均匀，必须把稀释液混匀后重新计数。	①5 个中方格中的红细胞数： 第 1 中方格： 第 2 中方格： 第 3 中方格： 第 4 中方格： 第 5 中方格： ②5 个中方格的红细胞数总和（X）： ③1 mL 血液中的红细胞数＝ ④按目前血细胞计数采用的通用单位，将以上结果换算为每升(L)血液中红细胞的数量：
6. 计数完毕后，依步骤 1 方法洗净所用的仪器。	

五、结果与分析

将各组所测的红细胞数记入下列表中,比较各组结果的差异,求出红细胞的平均数($\bar{x} \pm SD$)。

组　别	第1组	第2组	第3组	第4组	第5组	……	平均数
红细胞数/个							

六、思考题

1. 说明血细胞计数的计算原理。

2. 根据实验体会,说明哪些因素可能影响血细胞计数的准确性。

七、注意事项

1. 加样时,用水稍微沾湿计数室两侧的支持柱,以推压法将盖玻片平放在计数室表面,尽量减少盖玻片与支柱之间的空气。

2. 计数时,要注意显微镜的载物台应绝对平置,不能倾斜,以免血细胞向一边集中。光线也不必过强。

3. 吸取血样时不能有气泡,否则要弃去重做。

【背景知识】

血细胞计数(complete blood count,CBC),又称为血常规、血象、血细胞分析、血液细胞分析或血液细胞计数,是医学临床常常检查的一项内容。

Alexander Vastem 被广泛公认为是将全血细胞计数用于临床检验的第一人。当今所采用的正常参考值范围源自他在 20 世纪 60 年代所进行的临床试验。这些实验大量使用了经过驯化的格雷伊猎犬,因为它们易于采血且性情温顺可靠。

循环在血流之中的细胞通常分为 3 类:白细胞、红细胞和血小板,可以提供疾病状态下血细胞的信息,反映机体健康状况的概览,计数结果的异常增高或降低可能表示存在某种疾病,因此全血细胞计数属于临床实践中最为常见的血液检验项目之一。

　　血细胞计数板的结构:计数板是一块特制的长方形厚玻璃板,板面的中部有4条直槽,内侧两槽中间有一条横槽把中部隔成两个长方形的平台。此平台比整个玻璃板的平面低0.1 mm,当放上盖玻片后,平台与盖玻片之间距离为0.1 mm。若将液体充入盖片与计数室之间,则液层的厚度(或深度)即为0.1 mm。平台中心部分各以3 mm长,3 mm宽精确划分为9个大方格,称为计数室。每个大方格面积为1 mm²,体积为0.1 mm³(0.1 μL)。位于四角的大方格,各分为16个中方格,为白细胞计数区;中央的大方格由双线划分为25个中方格,每个中方格面积为0.04 mm²,体积为0.004 mm³。每个中方格又各分成16个小方格,每个小方格的体积为0.000 25 mm³,用于红细胞计数(图9-1A,B,C)。实验前,先在低倍显微镜下仔细观察计数板,熟悉计数室的构造。

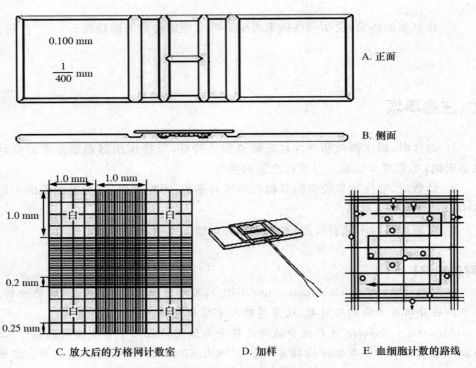

图 9-1　血细胞计数板的结构及操作方法

红细胞是血液中数量最多的有形成分,几乎占血容量的 1/2,故使血液呈红色黏稠混悬液。红细胞计数(red blood cell count,RBC)是血细胞计数的重要组成部分。正常情况下,红细胞的生成和破坏处于动态平衡,因而血液中红细胞的数量及质量保持相对稳定。但不同动物,因种类、品种、性别、年龄、外界环境、机体不同生理状况(运动状况、患病、营养状况等)的不同而表现出一定的差异。

无论何种原因造成的红细胞生成与破坏的失常,都会引起红细胞在数量上或质量上的改变,从而导致疾病的发生。有以下两种情况:

1. 红细胞增多

相对性增多:由于某些原因使血浆中水分丢失,血液浓缩,使红细胞和血红蛋白含量相对增多。如连续剧烈呕吐、大面积烧伤、严重腹泻、大量出汗等;另见于慢性肾上腺皮质功能减退、尿崩症、甲状腺功能亢进等。

绝对性增多:由各种原因引起血液中红细胞和血红蛋白绝对值增多,多与机体循环及组织缺氧、血中促红细胞生成素水平升高、骨髓加速释放红细胞有关。又可分为:

①生理性增多:见于高原居民、胎儿和新生儿、剧烈劳动、恐惧、冷水浴等。

②病理性增多:由于促红细胞生成素代偿性增多所致,见于严重的先天性及后天性心肺疾病和血管畸形,如紫绀型先天性心脏病、阻塞性肺气肿、肺源性心脏病、肺动—静脉瘘以及携氧能力低的异常血红蛋白病等。

2. 红细胞减少

生理性减少:3 个月的婴儿至 15 岁以前的儿童,因生长发育迅速而致造血原料相对不足,红细胞和血红蛋白可较正常人低 10%～20%。妊娠中、后期由于孕妇血容量增加使血液稀释,老年人由于骨髓造血功能逐渐减低,均可导致红细胞和血红蛋白含量减少。

病理性减少:

①红细胞生成减少所致的贫血:骨髓造血功能衰竭、再生障碍性贫血、骨髓纤维化等伴发的贫血;因造血物质缺乏或利用障碍引起的贫血,如缺铁性贫血、铁粒幼细胞性贫血、叶酸及维生素 B_{12} 缺乏所致的巨幼细胞性贫血。

②因红细胞膜、酶遗传性的缺陷或外来因素造成红细胞破坏过多导致的贫血,如遗传性球形红细胞增多症、地中海性贫血、阵发性睡眠性血红蛋白尿、异常血红蛋白病、免疫性溶血性贫血、心脏体外循环的大手术及一些化学、生物因素等引起的溶血性贫血。

③失血:急性失血或消化道溃疡、钩虫病等慢性失血所致的贫血。

实验十　白细胞计数

一、实验目的

掌握白细胞的计数原理并掌握其计数的方法。

二、实验原理

白细胞计数是指单位体积血液中所含的白细胞数目。白细胞计数的方法是使用血细胞计数板，用生理盐水将血液适当稀释后，放入计数板的计数室内，在显微镜下记录一定容积血液稀释液中的白细胞个数，再将所得结果换算成每升血液中的白细胞个数。

三、试验材料

1. 实验对象　抗凝血。
2. 实验试剂　血细胞稀释液（生理盐水）、蒸馏水、95％酒精、乙醚。
3. 仪器与器材　血球计、显微镜、试管、1.0 mL 吸管、5.0 mL 吸管、血红蛋白吸管、血细胞计数板（包括盖玻片）、计数器、擦镜纸、脱脂棉、大小烧杯、冲洗瓶等。

四、实验步骤与记录

实验步骤	实验记录
1. 检查清洗。按实验九中要求检查计数板、血红蛋白吸管。	①血红蛋白吸管清洗方法： ②计数板清洗方法：

续表

实验步骤	实验记录
2. 稀释血液。用血红蛋白吸管吸取 20 μL 的抗凝血,再加到盛有 0.38 mL 白细胞稀释液的小试管内,并混匀,即血液稀释 20 倍。	血液的稀释过程:
3. 滴加血样。按照实验九的步骤 3 将稀释血液加到血胞计数室的白细胞计数区,4 个白细胞计数区均加满后,静置 3 min。待血细胞下沉后,将计数室置于低倍显微镜下,调清视野,进行计数。	白细胞计数室的加样方法:
4. 白细胞计数。按实验九的步骤 4 的计数方法在低倍显微镜下依次记录四角 4 个大方格内的白细胞的总数。	白细胞的计数方法:
5. 结果计算。 $$1\ mL\ 血液中的红白细胞数=\frac{X}{4}\times 20\times 10\times 1\ 000$$ $$=\frac{X}{2}\times 10^{5}$$ 式中:X 为 4 个大方格内的白细胞总数。 如发现任何两个大方格的白细胞数目相差 8 个以上,表明血细胞分布不均匀,必须把稀释液混匀后重新计数。	①4 个大方格中的白细胞数: 第 1 大方格: 第 2 大方格: 第 3 大方格: 第 4 大方格: ②4 个大方格中的白细胞数总和(X) ③1 mL 血液中的白细胞数= ④按目前血细胞计数采用的通用单位,将以上结果换算为每升(L)血液中白细胞的数量:
6. 计数完毕后,依实验九的步骤 1 方法洗净所用的仪器。	

五、结果与分析

将各组所测的白细胞数记入下列表中,比较各组结果的差异,求出白细胞的平均数($\bar{x}\pm SD$)。

组　别	第 1 组	第 2 组	第 3 组	第 4 组	第 5 组	……	平均数
白细胞数/个							

六、思考题

1. 白细胞计数与红细胞计数有何不同?

2. 如何减少计数误差,力求准确?

七、注意事项

1. 加样时,用水稍微沾湿计数室两侧的支持柱,以推压法将盖玻片平放在计数室表面,尽量减少盖玻片与支柱之间的空气。

2. 计数时,要注意显微镜的载物台应绝对平置,不能倾斜,以免血细胞向一边集中。光线也不必过强。

3. 吸取血样时不能有气泡,否则要弃去重做。

【背景知识】

手工血细胞计数方法优点是操作简单,时间短,成本低。借助于显微镜,可以从形态上鉴别血液细胞的大小和形状。缺点是易受人为误差和采样误差的影响,不适应大批量的血液细胞计数,也不适合于其他类型的细胞计数和科学研究。

随着科学技术的发展,自动血细胞计数仪应运而生,自动血细胞计数仪是将血液标本经过充分混匀(尽管并不震摇),放置在自动化血液细胞分析仪的标本架上待检。这种仪器有很多不同的组件,用于分析血液之中的不同组成成分。细胞计数组件负责对血液之中不同细胞的数量和类型加以计数。分析结果则会打印出来,或者发送给计算机,以供审核。

血液细胞计数仪通过细小的管道来吸取非常少量的标本。在这种管道内,有负责对经过的细胞的数量加以计数的传感器,并且还可以对细胞的大小和类型加以鉴别,这就是流式细胞仪。所主要采用的两种传感器就是光学探测器和电阻抗传感器。流式细胞仪可用于血液细胞,也可用于其他类型的细胞。

自动化细胞计数仪采样和计数细胞的数量很多,因而其结果非常精确。然而,自动化细胞计数仪却可能无法正确识别血液之中的某些异常细胞,需要对仪器产生的结果进行手工复核,确定仪器所不能分类的任何异常细胞。

白细胞计数广泛用于临床诊断。白细胞数量随种类、年龄、生理状况(产卵)、疾病以及一些外界环境因素的影响而变化。白细胞计数值的高低常作为判断白细胞系统疾病的依据。

白细胞计数增多,见于急性感染、尿毒症、严重烧伤、急性出血、组织损伤、大手术后、白血病等。

白细胞计数减少,见于伤寒及副伤寒、疟疾、再生障碍性贫血、急性粒细胞缺乏症、脾功能亢进,X线、放射性核素照射,使用某些抗癌药物等。

对动物而言,白细胞还与饲养条件、营养状况有关。饱食、消化力旺盛时多,长期饥饿时白细胞(特别是嗜酸性粒细胞)显著减少。

实验十一　不同因素对血液凝固的影响

一、实验目的

了解血液凝固的基本过程及其影响因素,从而为临床上止血及血浆、血清制取等提供有效的措施和途径。

二、实验原理

血液凝固在体内是生理性止血中一个很重要的步骤。血液凝固过程是一个正反馈的连锁反应,其中有很多凝血因子参与,可分为 3 个阶段:凝血酶原激活物形成;凝血酶原激活成凝血酶;纤维蛋白原转变为纤维蛋白。根据凝血酶原激活物的形成途径不同,可将血液凝固分为内源性激活途径和外源性激活途径。内源性激活途径是指参与血液凝固的所有凝血因子均来源于血浆,外源性激活途径是指受损组织中的组织因子进入血管后,与血管内的凝血因子共同作用而启动的激活过程。由于血液凝固为一个连锁反应,所以影响血液凝固 3 个阶段中的任何一个步骤,都有可能影响血液凝固过程。

三、实验材料

1. 实验对象　新鲜血液。
2. 实验试剂　$CaCl_2$ 溶液、肝素 8 单位(置小试管内)、2% 草酸钾、液状石蜡、碎冰块等。
3. 仪器与器材　恒温水浴器、秒表、清洁小试管 7 支、50 mL 小烧杯 2 个、100 mL 烧杯 1 个、滴管、试管架、吸管架、带橡皮刷的玻棒或竹签、棉球等。

四、实验步骤与记录

实验步骤	实验记录
1. 观察脱纤维蛋白后血液凝固情况:采血 10 mL,分别注入两个小烧杯内。一杯静置;另一杯用带橡皮刷的玻棒不断地搅拌。取出玻棒,用水冲洗干净。	静置烧杯内血液的状态变化: ②玻棒不断搅拌时,出现的情况: ③用水冲洗玻棒后,出现的情况:
2. 不同实验处理对血凝时间的影响:取干洁的小试管 7 支,如下处理后,各管加血 1 mL,每 30 s 倾斜试管一次,直至血液凝固而不再流动为止。 (1)试管中不加任何物质; (2)试管中放少许棉花; (3)用液状石蜡润滑整个试管表面; (4)试管放在 37℃恒温水浴器中水浴; (5)试管放在盛有碎冰块的烧杯中; (6)试管内加入肝素 8 单位,加血后混匀; (7)试管内加入 2％草酸钾,加血后混匀。	①凝血时间: ②凝血时间: ③凝血时间: ④凝血时间: ⑤凝血时间: ⑥凝血时间: ⑦凝血时间:

五、结果与分析

1. 血液凝固前后有何变化? 为什么?

2. 不同处理血液后,血液的凝固时间有何变化? 为什么?

3. 如果加入肝素及草酸钾的试管内血液不出现凝固,每管各加 $CaCl_2$ 溶液 2～3 滴,血液会凝固吗? 为什么?

六、思考题

1. 血浆和血清有何区别?

2. 生产实践中如何制取血浆,并阐明其机理。

七、注意事项

1. 采血的过程尽量要快,以减少计时的误差。

2. 每支试管口径大小及采血量要相对一致,不可相差太大。试管等必须清洁、干燥。

3. 每支试管加入的血液量要力求一致。判断凝血的标准要力求一致。一般以倾斜试管达 $45°$ 时,试管内血液不见流动为准。

【背景知识】

血友病是性染色体隐性遗传性疾病,临床上以凝血因子减少或缺乏,导致自发性或轻微外伤后出血不止为主要表现的疾病。

人体依靠血液的凝固来阻止受伤后的出血,保证血量的稳定。正常的血液凝固可以在受外伤后防止淤血,而且可以阻止日常生活中轻微伤害所引起的出血深入肌肉和关节。

正常的血液凝固是血液中很多凝血因子共同作用的结果。如果一种凝血因子数量缺乏就可能发生出血时间延长现象。血友病患者的凝血因子比正常人要少。血友病甲是这种疾病中最常见的一种,它是由于缺乏第八因子造成的,而血友病乙则是缺乏第九因子造成的。血友病患者的出血速度并不比正常人快,而是出血时间比正常人长得多。

对于血友病患者来说,无论是无明显原因的自发性出血还是受伤,都可能引起身体任何部位的出血。然而,有些部位的出血比其他部位更常见。

1. 肌肉出血

肌肉出血是常见的一种出血形式。它发生在受伤之后,也可能自发产生。肌肉出血通常都发生在小腿、大腿、腹股沟和前臂等身体部位。肌肉出血会引起肿胀和疼痛并持续发展若干天,这种肿胀引起肌肉内部产生压力并可能会损伤神经和血管,比如前臂肌肉出血会引起手的残疾。肌肉出血有一些重要征兆和症状,如肌肉发紧,有痛感,温度变化和刺痛或麻木的感觉。如果不及时治疗,就可能发生永久性肌肉损坏和麻痹。

2. 关节出血

关节出血也是血友病最常见的一种特点。这种出血造成的后果非常严重,因为它可能会引发关节炎从而导致关节畸形和残疾。关节出血可能发生在关节受伤之后,也可能是自发的。如果延误治疗时间超过 4 h 的话,疼痛将会非常厉害,关节会肿胀起来,这就可能需要数天的治疗。初期会有刺痛或异样的感觉,这是关节出血的早期征兆。及早治疗可以预防残疾和慢性疼痛的发生。

3. 颈部和喉部出血

颈部及喉部的出血是严重的,因为这些部位的肿胀会使呼吸困难。感染也可能引起颈部的肿胀,有时确认肿胀是由于感染造成的还是由于出血造成的很困难。所有的颈部肿胀都应当作可能是由出血造成,并加以治疗。

4. 颅内出血

这是引起血友病患者死亡的通常原因。出血可能是自发的,也可能是来自轻微的脑部伤害(如轻度地跌倒或撞击到头部)。脑部大出血的症状可能要在受伤数天后才出现,这些征兆包括易怒、嗜睡、头痛、意识混乱、恶心、呕吐和重影。所有的头部伤害都是非常严重的,应尽早治疗以避免脑部出血和由此引起的后果。

5. 其他部位出血

患血友病的人很容易受伤,但皮肤受伤很少会有什么问题。很深的伤口出血,如果不治疗的话,可能会在数天内持续反复出血。另外口腔、牙龈和鼻子的出血也是很麻烦的。患血友病的人通常受到轻微的外伤(如擦伤或伤口很浅)时并不比正常人出血多。

对于血友病来说,早期治疗意味着越快越好,最好在几小时之内完成。

实验十二　ABO 血型鉴定和交叉配血实验

一、实验目的

观察红细胞凝集现象,学习 ABO 血型鉴定方法,掌握血型鉴定原理。

二、实验原理

血型通常指红细胞膜上特异性抗原的类型。红细胞膜上的抗原称凝集原,其血浆中存在的抗体称凝集素。ABO 血型系统是根据红细胞膜上是否存在凝集原 A 和 B,将血液分为 A、B、AB 和 O 型 4 种血型。A 型血的红细胞膜上只有凝集原 A,其血浆中有抗 B 凝集素;B 型学的红细胞膜上只有凝集原 B,其血浆中有抗 A 凝集素。凝集原 A 可被抗 A 凝集素凝集;凝集原 B 可被抗 B 凝集素凝集。红细胞出现凝结成团的现象,称为红细胞凝集。血型鉴定是往受试者红细胞悬液中分别加入 A 型标准血清(含抗 B 凝集素)或 B 型标准血清(含抗 A 凝集素),观察有无凝集现象发生,从而确定受试者血型。交叉配血实验是将供血者的红细胞和血清分别与受血者的血清和红细胞进行配血试验,观察是否发生红细胞凝集反应。为保证输血安全,一般情况下应遵循输同型血的原则,在输血前要进行交叉配血实验,无红细胞凝集现象方可进行输血(图 12-1)。

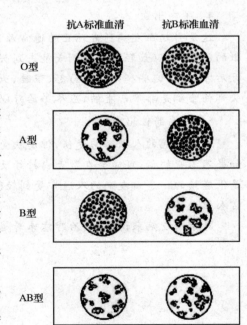

图 12-1　血型鉴定示意图

三、实验材料

1. 实验对象　正常人。
2. 药品与器材　A 型和 B 型标准血清、75％ 医用酒精、生理盐水、双凹玻片或载玻片、采血针、医用棉签、干棉球、竹签、一次性微量采血管、玻璃蜡笔（记号笔）、尖头滴管，显微镜、玻棒等。

四、实验步骤与记录

（一）ABO 血型鉴定

实验步骤	实验记录
1. 载玻片的标记。取双凹玻片一块,在两端分别标上 A 和 B,中央标记受试者的号码。	
2. 取标准血清。在 A 端和 B 端的凹面中分别滴上相应标准血清少许。	标准血清的定义:
3. 采血。用蘸有医用酒精棉签消毒无名指指尖或耳垂,干棉球擦干后,用消毒采血针穿刺采血,再用一次性微量采血管吸取少量血,分别滴在玻片两个凹陷处的 A 型和 B 型标准血清上,慢慢转动玻片或用玻棒分别摇匀,放置 1～2 min 后,肉眼观察有无凝血现象。	采血的方法:
4. 判定血型。根据凝集现象的有无判断血型。肉眼不易分辨的用显微镜观察。	判定血型的原则:

（二）交叉配血实验

实验步骤	实验记录
1. 分别对供血者和受血者皮肤消毒,静脉取血 2 mL。滴 2 滴于盛有 2 mL 生理盐水的小试管中,混匀制成 5％红细胞悬液。其余血液凝固后离心,取血清备用。取载玻片 1 块,在两边分别写上"主"和"次"字样。	静脉采血流程: 血清制备过程:

续表

实验步骤	实验记录
2. 主侧滴加供血者的红细胞悬液和受血者的血清各 1 滴，次侧滴加受血者的红细胞悬液和供血者的血清各 1 滴，用玻棒搅拌均匀。室温下放置 15 min 后，观察有无红细胞凝集现象，肉眼若不易分辨可用显微镜在低倍镜下观察。 若两侧交叉配血均无凝集反应（阴性），说明配血相合，能够输血。若主侧发生凝集反应（阳性），说明配血不合，即使次侧不发生凝集反应（阴性）也不能输血。若仅次侧配血发生凝集反应（阳性），主侧配血不发生凝集反应（阴性），则在紧急情况下可以输血，但输血速度必须慢，且输血量不能过多。	主侧的红细胞和血清是： 次侧的红细胞和血清是： 红细胞凝集判断标准： 输血的原则：

五、结果与分析

1. 记录观察结果，将全班各组实验结果进行分类并填入下表。

组号	1	2	3	4	5	6	7	8	9	10
A 型										
B 型										
AB 型										
O 型										

2. 全班血型的分类统计

血型	A 型	B 型	AB 型	O 型
人数				

3. 能作为供血者的人数统计

血型	A 型	B 型	AB 型	O 型
人数				

六、思考题

1. ABO 血型分类标准是什么？

2. 除了 ABO 血型外,还有什么血型系统?

3. 无标准血清时,能否用已知 A 型或 B 型者的血液进行血型的粗略分析? 其依据是什么?

4. 交叉配血实验时,为什么主侧阴性,次侧阳性,可以在紧急情况下输血?

七、注意事项

1. 指端、采血针和尖头滴管务必做好消毒准备。做到一人一针,不能混用。 使用过的物品(包括竹签)均应放入污物桶,不得再到采血部位采血。

2. 酒精消毒部位自然风干后再采血,便于取血。取血不宜过少,以免影响观察。

3. 采血后要迅速与标准血清摇匀,防止血液凝固。搅拌用的玻棒也不能混用。

4. 吸取 A 型和 B 型标准血清及红细胞悬液时,应使用不同的滴管。

【背景知识】

血型是指红细胞膜上特异性抗原的类型,其分类的依据是红细胞表面是否存在某些可遗传的抗原物质。在 ABO 血型系统,根据红细胞膜上是否含有 A、B 抗原而分为 A、B、AB、O 型。ABO 血型系统是 1900 年奥地利兰茨泰纳发现和确定的人类第一个血型系统。红细胞膜上只有凝集原 A 的为 A 型血,其血清中有抗 B 凝集素;红细胞膜上只有凝集原 B 的为 B 型血,其血清中有抗 A 的凝集素;红细胞膜上 A、B 两种凝集原都有的为 AB 型血,其血清中无抗 A、抗 B 凝集素;红细胞膜上 A、B 两种凝集原皆无者为 O 型,其血清中抗 A、抗 B 凝集素皆有。具有凝集原 A 的红细胞可被抗 A 凝集素凝集;抗 B 凝集素可使含凝集原 B 的红细胞发生凝集。

血型鉴定是将受试者的红细胞加入标准 A 型血清(含足量的抗 B 抗体)与标准 B 型血清(含足量的抗 A 抗体)中,观察有无凝集现象,从而测知受试者红细胞上有无 A 抗原或/和 B 抗原。输血时若血型不合会使输入的红细胞发生凝集,引起血管阻塞和血管内大量溶血,造成严重后果。所以在输血前必须作血型鉴定。正常情况下只有 ABO 血型相同者可以相互输血。在缺乏同型血源的紧急情况下,因 O 型红细胞无凝集原,不会被凝集,可输给任何其他血型的人。AB 型的人,血清中无凝集素,可接受任何型的红细胞。但是异型输血量大时,输入血中的凝集素未能被高度稀释,有可能使受血者的红细胞凝集。所以大量输血时仍应采用同型血。临床上在输血前除鉴定 ABO 血型外,还根据凝集反应原理,将供血者和受血者的血液作交叉配血实验。交叉配血是将受血者的红细胞与血清分别同供血者的血清与红细胞混合,观察有无凝集现象。为确保输血的安全,在血型鉴定后必须再进行交叉配血,如无凝集现象,方可进行输血。若稍有差错,就会影响受血者的生命安全。

近年来,发现存在于红细胞膜上的凝集原(即血型抗原)也存在于其他血细胞和一般组织细胞。所有细胞表面血型抗原的特异性可作为机体免疫系统鉴别自身和异物的标志。因此,在临床实践中血型鉴定也是组织器官移植成败的关键。人类血型有遗传特性,决定血型的血型抗原即凝集原 ABO,A 和 B 及其前身物 H,分别受 ABO 3 个等位基因控制。A、B 基因为显性基因,O(H)基因为隐性基因。它们的遗传规律所显示的父、母血型与子代血型间的关系,在法医学上可作为否定亲子关系的依据,若再配合其他血型系统的测定,则可判断亲子关系。在临床医学中,除输血、移植免疫外,对新生儿溶血病、自身免疫性溶血性贫血特异性抗体的检查,也都需要血型知识和有关技术。ABO 血型抗原具有种族差异。例如,中欧地区的人群中,约 40％以上的人为 A 型,近 40％的人为 O 型,10％的人为 B 型,6％的人为 AB 型;而 90％的美洲土著人为 O 型。

实验十三　蛙心正常起搏点的观察

一、实验目的

通过丝线结扎法观察两栖类动物心脏兴奋的起搏点、传导顺序和心脏不同部位传导系统自动节律性的高低。

二、实验原理

心脏的特殊传导系统内含有自律细胞,它们具有自动节律性,但各部分的自律性高低不同。正常情况下,两栖类动物心脏中静脉窦(哺乳动物是窦房结)的自律性最高,能自动产生节律性兴奋,并依次传到心房、房室交界区、心室,引起整个心脏兴奋和收缩,因此静脉窦(窦房结)是主导整个心脏兴奋和搏动的正常部位,称为正常起搏点。其他特殊传导系统的自律组织仅起着兴奋传导作用,称为潜在起搏点。如阻断心脏兴奋传导过程中的任一环节,都可能影响心脏兴奋的正常传导,从而出现不同的收缩障碍。

三、实验材料

1. 实验对象　蟾蜍或牛蛙。
2. 实验试剂　任氏液。
3. 仪器与器材　蛙板、小剪刀、眼科剪、镊子、探针、秒表、蛙心夹、大头针、玻璃分针、棉线等。

四、实验步骤与记录

实验步骤	实验记录
1. 取一只蟾蜍或牛蛙,用探针捣毁脑和脊髓,仰卧固定在蛙板上,用镊子提起胸部中央的皮肤剪一小口,然后向左右两侧肩关节连接线处剪掉。用镊子捏起剑状软骨,在腹肌上剪一小口(注意不要伤及内脏器官),沿皮肤切开的位置剪下一块三角形肌肉,即可看到心包内跳动的心脏。小心用镊子夹起心包膜并剪开,暴露心脏。	动物类型: 破坏脑和脊髓后蟾蜍或牛蛙的反应: 暴露心脏的体表位置:
2. 认识蟾蜍或牛蛙心脏各部分的构造(图13-2)。自心脏腹面认识心室、心房、动脉圆锥(动脉球)和主动脉,然后用玻璃分针把心脏向前翻转,从心脏背面区别静脉窦和心房(也可用蛙心夹夹住心尖翻向头端)。	静脉窦、心房、心室的跳动率(次/min):
3. 穿线备用。在心脏腹侧,离主动脉两分支的基部,用眼科镊在主动脉干下引一细线。	穿线方法:
4. 斯氏第一结扎(图13-1)。将心尖翻向头端,暴露心脏背面,在静脉窦和心房交界处的半月形白线(即窦房沟)处将预先穿入的线作一结扎,以阻断静脉窦和心房之间的传导。	结扎后心房、心室和静脉窦跳动频率:
5. 斯氏第二结扎(图13-1)。第一结扎实验项目完成后,在心房与心室之间即房室沟用棉线作第二结扎(即斯氏第二结扎)。	结扎后心房、心室和静脉窦跳动频率:

五、结果与分析

1. 斯氏第一、二结扎后,房室搏动为何出现上述变化?

2. 斯氏结扎引起的心房、心室跳动停止,能否在一段时间后恢复跳动?为什么?

六、思考题

斯氏第一、第二结扎(图 13-1)的结扎顺序可否交换？如何通过丝线结扎法求证两栖类心脏的起搏点是静脉窦？

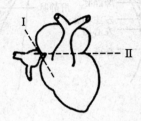

图 13-1 斯氏结扎部位
Ⅰ. 第一结扎　Ⅱ. 第二结扎

七、注意事项

1. 结扎前要认真识别心脏的结构。
2. 结扎部位要准确地落在相邻部位的交界处,结扎时用力逐渐增加,直到心房或心室搏动停止。
3. 实验过程中,要经常用任氏液湿润标本,以保持组织的兴奋性。

【背景知识】

蟾蜍为两栖类动物,其心脏由两个心房和一个心室构成,此外还包含 1 个静脉窦和 1 个动脉圆锥。心脏的结构如图 13-2 所示：

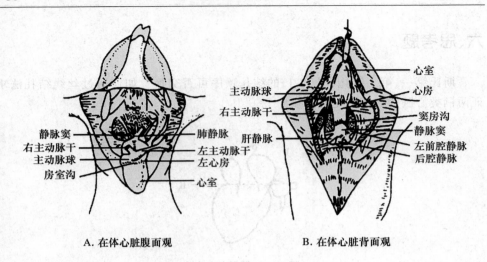

A. 在体心脏腹面观　　　　　　　B. 在体心脏背面观

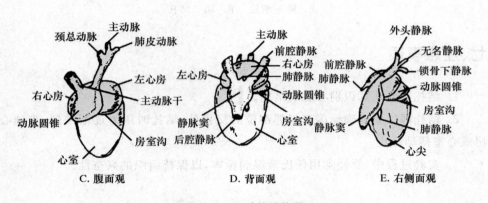

C. 腹面观　　　　D. 背面观　　　　E. 右侧面观

图 13-2　心脏的结构图

实验十四　不同理化因素和递质对
离体蛙心的影响

一、实验目的

学习离体蛙心灌流的方法和观察不同理化因素对离体蛙心功能的影响,从而了解心肌的生理特性。

二、实验原理

心脏的正常兴奋节律来源于窦房结或者静脉窦。但其正常节律性活动需要一个适宜的内环境(如 Na^+、K^+、Ca^{2+} 等的浓度及比例、pH 和温度),一旦适宜的理化环境被干扰或破坏,心脏活动就会受到影响。同时心脏还受交感神经和迷走神经的双重支配,交感神经末梢释放去甲肾上腺素,使心肌收缩力加强,传导速度加快,心率加快;迷走神经末梢释放乙酰胆碱,使心肌收缩力减弱,心肌传导速度减慢,心率减慢。将失去神经支配的离体心脏置于适宜的理化环境中(如任氏液),在一定时间内心脏仍能产生自动节律性兴奋和收缩。离体心脏灌流是在可控制的条件下研究体液因素以及药物对心肌影响的重要实验方法。两栖类动物心脏无冠状循环,心肌的血液供应直接来自心室腔,故灌流时套管插入心室腔内,而灌流哺乳动物心脏时则须通过冠状血管。本实验将蟾蜍心脏离体后,用人工配制的理化特性近似蟾蜍血浆的任氏溶液灌流,在一定时间内,可保持心脏节律性收缩和舒张。如改变任氏液的组成成分或浓度,心脏活动的强度和频率将受到影响。

三、实验材料

1. 实验对象　蟾蜍或牛蛙。
2. 实验试剂　任氏液、0.65% NaCl、2% $CaCl_2$、1% KCl、3% 乳酸、2.5% $NaHCO_3$、1∶10 000 去甲肾上腺素、1∶10 000 乙酰胆碱。

3. 仪器与器材　　RM6240 或 BL-420 生物信号采集处理系统、张力换能器、温度计、恒温水浴锅、蛙类手术器械一套、铁支架、双凹夹、离体蛙心灌流装置、棉线、试管夹、蛙心插管、滴管、烧杯等。

四、实验步骤与记录

1. 取一蟾蜍或牛蛙,破坏脑和脊髓,暴露心脏。用小镊子夹起心包膜,仔细识别心房、心室、动脉圆锥、主动脉、静脉窦、前后腔静脉等。

2. 在右主动脉下穿一根线并结扎,再在左右主动脉下穿一根线。将心脏用玻璃分针向上翻至背面,将前后腔静脉和左右肺静脉一起结扎(注意勿扎住静脉窦)。将心脏回复至原位,在左主动脉下穿两根线,用一根线结扎左主动脉远心端,另一根线置主动脉备用。提起左主动脉远心端线,用眼科剪刀在左主动脉上靠近动脉圆锥处剪一斜口,将盛有少量任氏液的蛙心插管由此口插入主动脉,插至动脉圆锥时略向后退,在心室收缩时,向心室后壁方向下插,经主动脉瓣插入心室腔(不可插入过深,以免心室壁堵住插管下口)。插管若成功进入心室,管内液面会随着心室跳动而上下波动。用左主动脉上近心端的备用线结扎插管,并将结扎线固定于插管侧面的小突起上。提起插管,在结扎线远端分别剪断左主动脉和右主动脉。轻轻提起插管,剪断左右肺静脉和前后腔静脉,将心脏离体,用滴管吸净插管内余血,加入新鲜任氏液。反复换洗数次,直至液体完全澄清。保持灌流液面高度恒定(1～2 cm)。

3. 以上操作完成后,进行如下操作和记录:

实验步骤	实验记录
(1)把离体蛙心灌流装置和记录仪器相连接,描记正常心脏收缩曲线。	正常心脏收缩曲线的情况:
(2)离子的影响: ①吸出插管内全部灌流液,换入 0.65% NaCl 观察心缩曲线变化,待效应明显后,吸出灌流液,用新鲜任氏液换洗 3 次,直至心缩曲线恢复正常。 ②加入 1～2 滴 2% $CaCl_2$ 于新换入的任氏液中。待出现效应后,用新鲜任氏液换洗 3 次至曲线恢复正常。 ③加 1～2 滴 1% KCl 于新换入的任氏液中,待出现效应后,再用任氏液换洗至曲线恢复正常。	加入不同离子后心缩曲线的变化:

续表

实验步骤	实验记录
(3)递质的作用。 ①加入 1～2 滴 1∶10 000 去甲肾上腺素于灌流液中,待效应出现后,用任氏液换洗至曲线恢复正常。 ②加入 1～2 滴 1∶10 000 乙酰胆碱于灌流液中,待效应出现后,用任氏液换洗至曲线恢复正常。	加入不同递质后心缩曲线的变化:
(4)温度的影响。 将插管内的任氏液吸出,换入 4℃ 的任氏液,待效应出现后,吸出灌流液,换入室温的任氏液,直至曲线恢复正常。	不同温度处理后心缩曲线的变化:
(5)酸碱的影响。 ①加入 2.5% $NaHCO_3$ 溶液 1～2 滴于灌流液中,待效应出现后,换用任氏液换洗,直至曲线恢复正常。 ②加 3% 乳酸 1～2 滴于灌流液中,待效应出现后,再加 1～2 滴 2.5% $NaHCO_3$,观察曲线变化。	加入不同酸碱后心缩曲线的变化:

五、结果与分析

不同处理引起心肌收缩曲线变化的机理是什么?

六、思考题

机体主要通过哪些途径调节心脏的收缩变化?

七、注意事项

1. 制备离体心脏标本时,勿伤及静脉窦。

2. 蛙心夹应在心室舒张期一次性夹住心尖，避免因夹伤心脏而导致漏液。

3. 每一观察项目都应先描记一段正常曲线，然后再加药并记录其效应。加药时应在心跳曲线上予以标记，以便观察分析。

4. 各种滴管应分开，不可混用。

5. 在实验过程中，插管内灌流液面高度应保持恒定；仪器的各种参数一经调好，应不再变动。

6. 给药后若效果不明显，可再适量滴加，并密切注意药物剂量添加后的实验结果。给药量必须适度，加药出现变化后，就应立即更换任氏液，否则会造成不可挽回的后果，尤其是 K^+、H^+ 稍有过量，即可导致难以恢复的心脏停搏。

7. 标本制备好后，若心脏功能状态不好（不搏动），可向插管内滴加 1～2 滴 2% $CaCl_2$ 或 1∶10 000 肾上腺素，以促进（起动）心脏搏动。在实验程序安排上也可考虑促进和抑制心脏搏动的药物交换使用。

8. 谨防灌流液沿丝线流入张力传感器内而损坏其电子元件。

【背景知识】

许多研究表明，人们在出现剧烈情绪变化时，体内会释放出一些化学递质，从而影响心脏的活动。负面情绪因素如愤怒、挫折、恐惧、紧张等与心脏病的发生有密切的关系。

愤怒时大脑会分泌大量激素，冲击心脏，直接引起心室纤维颤动。另外激素与动脉损伤及血管壁上血小板等物质的沉积具有一定的联系。伤害性情绪的反复作用可能引起心肌纤维的损害，导致心脏功能出现障碍。而由焦虑或愤怒引起肾上腺素分泌的突然增加会使数千条冠状动脉分支血管收缩，迫使心脏以高速、迸发的跳动来补偿供血的不足。

医学专家认为在一些人的额叶皮层，即大脑的思维部分有一种化学物质，可能是一种神经肽或酶，这种物质的含量一旦发生异常，便会干扰大脑控制心脏活动的能力，最终导致心脏紧张工作，冠状动脉病变和心肌纤维颤动等致命的后果。人脑里有 10 000 多种神经肽，这些神经肽的作用在于调节神经细胞释放作用强、有活性的神经递质，正是这些递质传递了"惊恐的信息"。

而五羟色胺（5-HT）是一种活性很强的神经递质，它能够防止人在发生恐惧或愤怒时突然释放大量特定的化学物质，使心脏免遭这些化学物质的损害。

实验十五　不同电刺激对心肌收缩的影响

一、实验目的

通过在心脏收缩或舒张时期给予不同的电刺激,观察心肌收缩的变化,从而了解心肌的兴奋性变化的特点。

二、实验原理

心肌和其他类型肌肉一样,每兴奋一次,其兴奋性就发生一次周期性的变化。其过程包括绝对不应期、相对不应期、超常期等。其中绝对不应期和局部反应期统称为有效不应期,在此时期内外在刺激不会引起心肌兴奋和收缩。心肌兴奋性变化的特点在于其有效不应期特别长,约相当于整个收缩期和舒张早期。因此,在心脏的收缩期和舒张早期内(有效不应期),任何刺激均不能引起心肌兴奋而收缩;但在舒张早期以后(有效不应期后),给予一次较强的阈上刺激就可以产生一次额外兴奋和收缩。同理,额外兴奋和收缩发生时其兴奋性也发生一次周期性的变化。如果下一次正常的窦性节律性兴奋到达时正好落在额外兴奋和收缩的有效不应期内,便不能引起心肌兴奋和收缩,这样在额外收缩之后就会出现个较长的舒张期,此舒张期称为代偿间歇,而此额外收缩称为期前收缩。

三、实验材料

1. 实验对象　蟾蜍或牛蛙。
2. 实验试剂　任氏液。
3. 仪器与器材　蛙板、小剪刀、眼科剪、普通镊子、探针、蛙心夹、蛙钉、玻璃分针、棉线、RM6240 或 BL-420 生物信号采集处理系统、电脑、张力换能器、刺激电极、实验支架、小烧杯、滴管、纱布、大烧杯等。

四、实验步骤与记录

1. 系统连接和仪器参数设置

连接并调整好记录装置。张力换能器输出线接微机生物信号采集处理系统的第 1 通道；进入生物信号采集处理系统：点击"实验"菜单，选择"实验项目"菜单中的"期前收缩-代偿间歇"。系统进入该实验信号记录状态。

2. 实验准备

(1)取一只蟾蜍或牛蛙，用探针捣毁脑和脊髓，仰卧固定在蛙板上，用镊子提起胸部中的皮肤剪一小口，然后向左右两侧肩关节连接线处剪掉。用镊子捏起剑状软骨在腹肌上剪一小口(注意不要伤及内脏器官)，沿皮肤切开的位置剪下一块三角形肌肉，即可看到心包内跳动的心脏。小心用镊子夹起心包膜并剪开，暴露心脏。

(2)将连有丝线的蛙心夹在心室舒张时夹住心尖，丝线另一端连张力换能器，松紧适度。

(3)将刺激电极固定于支架上，并使心脏处于两电极之间，无论心脏收缩或舒张时，均能与两极接触。

3. 以上操作完成后，进行如下操作和记录

实验步骤	实验记录
(1)描记一段正常心搏曲线：观察曲线上升、下降与心室收缩、舒张的关系，计算心率。	正常心肌收缩情况：
(2)不同单刺激对心肌收缩的影响： ①收缩期不同单刺激对心肌收缩的影响：在心室收缩期，给予单个中等强度的刺激。 ②舒张期不同单刺激对心肌收缩的影响：在心室舒张期，给予单个中等强度的刺激。	不同单刺激后心肌收缩的变化：
(3)不同频率刺激对心肌收缩的影响。 ①收缩期不同频率刺激对心肌收缩的影响：在心室收缩期，给予不同频率刺激。 ②舒张期不同频率刺激对心肌收缩的影响：在心室舒张期，给予不同频率刺激。	不同频率刺激后心肌收缩的变化：
(4)心肌"全或无"反应：用丝线在静脉窦与心房之间作一结扎。然后给予不同强度电刺激，观察蛙心收缩强度的变化。两次刺激的间隔不得少于 15 s。	心肌收缩情况：

五、结果与分析

从反应发生所需的必备条件,分析实验中为什么有时出现额外收缩而有时无反应表现?

六、思考题

心肌的绝对不应期长有何生理意义?

七、注意事项

1. 不断给心脏滴加任氏液,保持其湿润。
2. 蛙心夹与张力换能器之间应有一定的紧张度。
3. 引起期前收缩后,须间隔一段时间再给予心脏第二次刺激。

【背景知识】

心肌在兴奋后,其兴奋性的变化有别于骨骼肌和平滑肌,最显著的特点为绝对不应期的时间较长。心肌绝对不应期的时间大于其收缩的时间,所以即使在受到连续电刺激时,心肌也不会像骨骼肌那样出现连续收缩或者强直收缩。骨骼肌之所以在连续电刺激时出现强直收缩,是因为骨骼肌绝对不应期的时间小于其收缩的时间。临床上也可以通过电刺激脑部、脊髓及其他部位对心脏的收缩兴奋等进行调节、治疗或者抢救。如临床上利用心脏除颤器抢救心室纤颤的病人。此类病人如不及时抢救,很容易发生心脏性猝死。

现代的心脏除颤器多采用电感容器直流放电式电路,这种电路放电时间短,大约为几个毫秒(0.1% s),放电能量可达 400 J。

除颤器在急救中消除心室纤颤时,由于此时心律已严重紊乱,所以无从考虑 R 波的同步问题。但作为心房除颤治疗扭转心律失常时,如果除颤器的电刺激落在心动周期的易激期中,这时正是心脏的舒张过程,容易引起心肌损害,产生心室纤颤等危险,所以必须采用 R 波同步技术,也就是应用心电图的 R 波来触发放电,这样就可以保证除颤的电刺激落在心电 R 波下降时的这段时间里,即心室绝对不应期上。

随着医学科学技术的发展,现在除颤器已发展成为一种重要的心脏病的治疗和急救设备。由于它具有简易、无毒和有效的特点,特别是在抢救某些猝死病人中的独特作用,所以在现代医学中具有广泛发展前景。

实验十六　微循环观察

一、实验目的

通过显微镜或图像分析系统观察蛙肠系膜微循环内各血管及血流状况,了解微循环各组成部分的结构和血流特点。同时通过观察某些药物对微循环的影响,了解体内微循环的调节。

二、实验原理

微循环是指微动脉和微静脉之间的血液循环,是血液和组织液进行物质交换的重要场所。经典的微循环包括微动脉、后微动脉、毛细血管前括约肌、真毛细血管网、通血毛细血管、动-静吻合支和微静脉等部分。由于蛙类的肠系膜组织很薄,易于透光,可以在显微镜下或利用图像分析系统直接观察其微循环血流状态、微血管的舒缩活动及不同因素对微循环的影响。在显微镜下小动脉、微动脉管壁厚,管腔内径小,血流速度快,血流方向是从主干流向分支,有轴流(血细胞在血管中央流动)现象;小静脉、微静脉管壁薄,管腔内径大,血流速度慢,无轴流现象,血流方向是从分支向主干汇合;而毛细血管管径最细,仅允许单个细胞依次通过。

三、实验材料

1.实验对象　蟾蜍或牛蛙。

2.实验试剂　任氏液、20%氨基甲酸乙酯溶液、1:10 000(g/mL)去甲肾上腺素、1:10 000(g/mL)组胺。

3.仪器与器材　显微镜或计算机微循环血流(图像)分析系统、有孔蛙板、蛙类手术器械、蛙钉、吸管、注射器(1~2 mL)。

四、实验步骤与记录

实验步骤	实验记录
1.取蟾蜍或牛蛙一只,称重。在尾骨两侧进行皮下淋巴囊注射 20% 氨基甲酸乙酯(3 mg/g)。用大头针将蛙腹位(或背位)固定在蛙板上,在腹部侧方做一纵向切口,轻轻拉出一段小肠袢,将肠系膜展开,小心铺在有孔蛙板上,用数枚大头针将其固定。	蟾蜍或牛蛙的质量:_____ g,注射 20% 氨基甲酸乙酯_____ mL。约_____ min 后,蟾蜍或牛蛙进入麻醉状态。
2.在低倍显微镜下,识别动脉、静脉、小动脉、小静脉和毛细血管。	血管壁、血管口径、血细胞形态、血流方向和流速等有何特征:
3.用小镊子给予肠系膜轻微机械刺激。	血管口径及血流的变化:
4.用一片滤纸将肠系膜上的任氏液小心吸干,然后滴加几滴 1∶10 000(g/mL)去甲肾上腺素于肠系膜上,如出现变化后立即用任氏液冲洗。	血管口径和血流的变化:
5.血流恢复正常后,滴加几滴 1∶10 000(g/mL)组胺于肠系膜上。	血管口径及血流的变化:

五、结果与分析

试解释不同药物引起血流变化的机制。

六、思考题

低倍镜下如何区分小动脉、小静脉和毛细血管? 各血管中血流有何特点? 如何与生理机能相适应?

七、注意事项

1. 手术操作要仔细,避免出血造成视野模糊。
2. 固定肠系膜不能拉得过紧,不能扭曲,以免影响血管内血液流动。
3. 实验中要经常滴加少许任氏液,防止标本干燥。

【背景知识】

　　微循环是循环系统中最基础的结构,它的基本功能是向全身各个脏器、组织运送氧气及营养物质,排泄代谢产物,并且调节组织液与血液平衡。因此,微循环是关系到气体转运以及代谢废物排泄的管道系统,从这个观点来看,又可将其认为是一个"交换系统"。健全的微循环功能是保证体内重要脏器执行正常功能的首要前提。为此,各脏器必须具有一个正常的微循环,并且保持一种正常的灌注状态。灌注可分为组织灌注与细胞灌注,灌注量主要取决于微血管功能状态、微血流与血液成分。

　　微循环可以作为很多病理过程和疾病的原发或继发的应答器官,从而出现微循环障碍。微循环障碍主要指微血管与微血流水平发生的功能或器质性紊乱,从而造成微循环血液灌注的障碍。此时微循环血液灌注障碍既可有组织、器官灌注障碍,也可有细胞灌注障碍,并导致相应病变。

　　在很多疾病中均有微循环灌注障碍,但目前临床上最常见的灌注障碍大致有以下几种:

　　1. 低灌注状态。或称低血流状态,主要指在病因作用下,体内重要脏器微循环血液灌注在短时间内急剧降低,从而临床出现一系列低灌注引起的症状与体征,故有人称其为低灌注综合征。以严重感染为例,当其发展到出现低灌注综合征时,患者出现严重的乳酸血症、少尿、神志障碍等表现。

　　2. 无复流现象。指局部血管严重痉挛、阻塞时,相应组织器官缺血(一般缺血40～60 min),此时如使血管再通,重新恢复血流,但缺血区并不能得到充分的血液灌注,此现象称其为无复流。无复流现象常见于心肌,但也可见于脑、肾、骨骼肌等处。无复流造成的组织损伤实际上是缺血在时间上的延续和程度上的叠加。引起无复流的主要原因是微血管内皮细胞的肿胀、微血管外间质中由渗出液引起的组织间液压增高和血小板聚集与/或白细胞嵌塞引起的微血管堵塞。

　　3. 缺血再灌注损伤。缺血缺氧性损伤不仅出现于缺血缺氧的当时,而且可发生于血流再通以后,这就是缺血-再灌注损伤。对其发生机制至今不清,但是一般认为它与自由基损伤有关。

　　附:蛙肠系膜标本固定方法(图 16-1)。

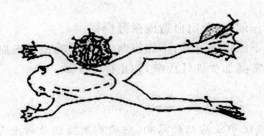

图 16-1　蛙肠系膜标本固定方法

实验十七 家兔血压和减压神经放电的同步记录和观察

一、实验目的

本实验采用直接测量和记录动脉血压的急性实验方法，观察神经和体液因素对动脉血压的调节作用。了解神经放电的引导方法和技术，观察正常时主动脉神经放电与血压的关系及主动脉神经放电波形的特征。

二、实验原理

在生理情况下，人和其他哺乳动物的血压处于相对稳定状态，这种相对稳定是通过神经和体液因素的调节而实现的，其中以颈动脉窦、主动脉弓压力感受性反射尤为重要。此反射既可在血压升高时降压，又可在血压降低时升压。反射的传入神经为主动脉神经与窦神经。家兔的主动脉神经为独立的一条神经，也称减压神经，易分离和观察（图17-1）。人、犬等动物主动脉神经与迷走神经混为一条，不能分离。反射的传出神经为心交感神经、心迷走神经和交感缩血管纤维，心交感神经兴奋，其末梢释放去甲肾上腺素，去甲肾上腺素与心肌细胞膜上的 β 受体结合，引起心脏正性的变时变力变传导作用。心迷走神经兴奋，其末梢释放乙酰胆碱，乙酰胆碱与心肌细胞膜上的 M 受体结合，引起心脏负性的变时变力变传导作用。交感缩血管纤维兴奋时释放去甲肾上腺素，后者与血管平滑肌细胞的 α 受体结合，引起阻力血管的收缩。家兔的主动脉神经可用来观察动脉血压变化对主动脉神经冲动发放的影响。在一个心动周期中，心脏射血，动脉血压升高，刺激主动脉弓压力感受器，引起主动脉神经传入冲动增加。射血停止后，血压逐渐降低，主动脉神经传入冲动逐渐减少。主动脉神经传入冲动的频率和幅度随动脉血压的升降而形成周期性变化，当动脉血压升高时，主动脉神经传入冲动的频率和幅度增加，反之，则降低。

本实验应用液压传递系统直接测定动脉血压。即由动脉插管、测压管道及压力换能器相互连通，其内充满抗凝液体，构成液压传递系统。将动脉套管插入动脉内，动脉内的压力及其变化可通过密闭的液压传递系统传递压力，而压力换能器可将压力变化转换为电信号,最后微机生物信号采集处理系统把电信号转变成动脉血压变化曲线。

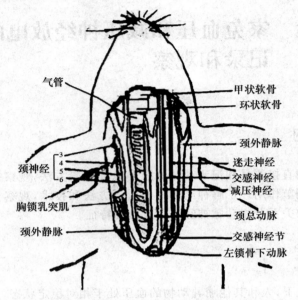

图 17-1 兔颈部主要血管及神经分布示意图

三、实验材料

1. 实验对象 家兔。

2. 实验试剂 40%的酒精生理盐水合剂或20%氨基甲酸乙酯,1 000 U/mL 的肝素,0.1 g/L 去甲肾上腺素,10^{-2} g/L 乙酰胆碱。

3. 仪器与器材 动脉插管、压力换能器、引导电极、监听器、RM6240 或 BL-420 生物信号采集处理系统。

四、实验步骤与记录

1. 实验系统连接及参数设置

(1)将压力换能器固定于铁支架上,其位置应与心脏在同一水平面。

(2)主动脉神经放电引导电极接微机生物信号处理系统第 1 通道,压力换能器输出线接微机生物信号处理系统第 2 通道。微机生物信号处理系统参数设置:点击"实验"菜单中的"家兔减压神经放电"。系统进入该实验信号记录状态。仪器参数：1通道灵敏度 100 μV、时间常数 0.02 s、高频滤波 3 kHz；2 通道时间常数为直流、滤波频率 100 Hz、灵敏度 12 kPa（90 mmHg）、采样频率 20 kHz。连续单刺激方式，刺激强度 5～10 V，刺激波宽 2 ms，刺激频率 30 Hz。监听器与微机生物信号系统的监听输出口连接。

2．手术准备

（1）家兔称重后，按 5 mL/kg 体重的剂量于耳缘静脉注射氨基甲酸乙酯进行麻醉。注意麻醉剂不能过量，注射速度不宜过快。

（2）动物仰卧固定于手术台上，固定四肢，前肢交叉固定，用棉绳钩住兔门齿，将绳拉紧并缚于兔台铁柱上。

（3）颈部手术。剪去颈部被毛，消毒，正中切开皮肤 5～7 cm，止血钳钝性分离皮下组织及肌肉，暴露气管。

（4）神经分离。在气管两侧小心分离血管神经，可见颈总动脉和在其内侧与之伴行的两根神经。最粗白色者为迷走神经，较细呈灰白色为交感神经，最细者为主动脉神经。用玻璃分针小心分离主动脉神经。

（5）颈总动脉插管。用玻璃分针仔细分离两侧颈总动脉和两侧颈静脉，各穿一线备用。左颈总动脉远心端结扎，近心端用动脉夹夹住，并在动脉下面预先穿一丝线备用。用眼科剪在靠近结扎处动脉壁剪一"V"形切口，将动脉套管向心方向插入颈总动脉内，扎紧固定。打开动脉夹。

（6）给动物静脉注射肝素，剂量为 1 000 U/kg 体重。等 1 min 后再进行下一步骤，以使肝素在体内血液中混合均匀。

（7）安放电极。将主动脉神经向心端搭在引导电极上，不要触及周围组织。

3．以上操作完成后，进行如下实验步骤和记录

实验步骤	实验记录
（1）除去动脉夹，可见血液由动脉冲入动脉插管，启动记录按钮，微机生物信号采集统开始采样记录数据，并在屏幕上显示血压波动曲线和减压神经放电波形。	减压神经放电和血压曲线的特点：
（2）用动脉夹夹闭右侧颈总动脉 5～10 s。	减压神经放电和血压变化：
（3）将右侧迷走神经穿线结扎，在结扎处的上端切断该神经，以中等强度（5～10 V），频率为 30 Hz，波宽为 2 ms 的连续电脉冲刺激其外周端。	减压神经放电和血压变化：
（4）静脉注射 0.1 g/L 去甲肾上腺素 0.3 mL。	减压神经放电和血压变化：
（5）静脉注射 10^{-2} g/L 乙酰胆碱（0.1 mL/kg 体重）。	减压神经放电和血压变化：

五、结果与分析

1. 减压神经放电的振幅与动脉血压有何关系？为什么？

2. 上述实验处理引起减压神经放电和血压变化的机理是什么？

六、思考题

1. 正常血压波动情况如何？何以会有各种波动？

2. 未插管一侧的颈总动脉短时夹闭对全身血压有何影响？为什么？假如夹闭部位在颈动脉窦以上，影响是否相同？

七、注意事项

1. 采取保温措施，防止动物麻醉后体温下降。
2. 每一项观察须有对照，并须待其基本恢复后再进行下一步骤。

【背景知识】

在整体情况下，影响血压的主要因素是在中枢神经系统的整合作用下进行活动的。动物在多种刺激下出现血压的变动，通过神经体液的调节机制后保持动脉血压的稳定。按照调节恢复的速度，血压调节机制可分为快速调节机制和缓慢调节机制。

1. 快速调节机制

快速调节机制作用迅速，在血压突然改变数秒钟后就开始作用。包括动脉压力感受器反射，中枢神经系统缺血性升压反射（通过交感缩血管神经的作用），化学感受器引起的反射（血中氧分压降低或二氧化碳分压升高时刺激颈动脉体和主动脉脉体的化学感受器所引起的加压反射)。

血压变动数分钟后其他调节机制开始活动,包括:肾素-血管紧张素-醛固酮系统血管收缩的机制,血管应力性舒张反应(血压改变后血管口径也相应改变以适应可以利用的血量),从组织间隙进入毛细血管或从毛细血管逸出的体液转移以保证必要的血量和适当的血压。

在快速动脉血压调节机制中,颈动脉窦/主动脉弓减压反射的作用最为重要,它可以控制动脉血压不致过高,在脑的中枢支配下决定这种反射的加强或削弱,来保证血压的稳定,从而对心血管系统起保护作用。这种反射的命名是因压力感受器分布最集中的部位在颈动脉窦区和主动脉弓区。在窦区和弓区以外还有很散的分布,一般动脉也有分布。当动脉血压显著升高时,压力感受器受到更有力的冲击而被牵张,使其传入冲动频率增加,传到心血管中枢,经整合作用后,能加强迷走神经对心搏的抑制作用,同时减弱交感神经对心脏和外周血管的刺激作用,结果使心率减慢,心收缩力减弱,小动脉(阻力血管)和静脉(容量血管)都舒张,这些反应都使过高的血压恢复正常。这种反射属负反馈反射,因为它是由血压过高所引起的。当血压过低时,压力感受器受到的冲击较弱,传入神经冲动减少,心血管中枢支配的迷走神经活动减弱,交感神经活动加强,结果使心搏加强,动静脉收缩力加强,引起动脉血压的上升。这种减压反射也可由广泛分布在小动脉区的压力感受器引起所谓"弥漫性血管张力反射",这是中国生理学家徐丰彦在 1937 年发现的,它不如上述反射作用持久而且灵敏度较低。迷走加压反射由右心房内压和大静脉血压显著下降刺激迷走神经加压纤维所引起,在大失血时出现。

2. 缓慢调节机制

血压快速调节机制一般在数小时或数月内由于动物适应而失效。在血压长期调节中要依靠肾脏-体液-压力调节机制。这种机制包括通过调节血量所产生的血压调节作用以及由肾素-血管紧张素-醛固酮系统对肾功能的调节作用。其中也有负反馈作用。当血压下降时,肾的泌尿量减少,体液得到保存,部分进入循环系统,血量因之增加,使静脉回心血量和输出量都增加,从而导致血压的回升。在血压过高时肾的泌尿量增加,使一般体液和血液都减少,静脉回心血量和心输出也随之减少,结果引起血压的下降。这种调节机制在血压未恢复正常以前,可以长期起有效调节血量和血压的作用。

在机体内的快速和缓慢长期的调节机制下,动脉血压保持相对的稳定。但由于各种原因导致血压的变化超出其调节能力时,就会出现高血压或者低血压,从而为心脏、血管带来潜在的危害或者导致供血、供氧不足。临床上可通过一些药物或者其他方法进行针对性的治疗,从而恢复血压的稳定。

实验十八　不同因素对兔呼吸运动的影响

一、实验目的

通过观察血液中化学因素(CO_2、O_2和H^+)改变对家兔呼吸运动(呼吸频率、节律、幅度)的影响,了解呼吸的体液调节机制;通过观察迷走神经在家兔呼吸运动调节中的作用,了解呼吸的神经调节机制。

二、实验原理

呼吸运动是呼吸中枢节律性活动的反映。在不同生理状态下,呼吸运动所发生的适应性变化有赖于神经系统的反射性调节,其中较为重要的有肺牵张反射以及外周化学感受器的反射性调节。因此,体内外各种刺激,可以通过直接作用于中枢部位或通过不同的感受器反射性地影响呼吸运动。

三、实验材料

1. 实验对象　兔。
2. 实验试剂　40%酒精生理盐水合剂或20%氨基甲酸乙酯、3%乳酸、无水碳酸钙、浓盐酸。
3. 仪器与器材　手术器械1套、兔手术台、玻璃分针、注射器(20 mL、5 mL、1 mL)、50 cm长的乳胶管1根、二氧化碳发生器、纱布、丝线、RM6240或BL-420生物信号采集处理系统、呼吸换能器、呼吸套管、台秤、实验支架、刺激电极等。

四、实验步骤和记录

1. 实验准备
(1)由兔耳缘静脉缓慢注入20%氨基甲酸乙酯或40%酒精生理盐水合剂。

待兔麻醉后,腹部朝上固定于手术台上。沿兔颈部正中切开皮肤 6～8 cm,直至下颌角上 1.5～2 cm。用止血钳向下钝性分离软组织及颈部肌肉,暴露气管及与气管平行的左右血管神经鞘,细心分离两侧鞘膜内的迷走神经,在神经下穿一细线备用。把甲状软骨以下的气管与周围组织分离,在气管下穿一细线。

(2)在气管环状软骨下约 1cm 处做一"T"形或横切口,然后由剪口处向肺端插入气管套管,并用棉线将气管套管结扎固定。手术完毕后,用温热的生理盐水纱布盖于伤口。

2. 实验系统连接及参数设置

(1)连接气管插管和呼吸换能器,并将呼吸换能器固定于支架上。

(2)呼吸换能器输出线接微机生物信号处理系统采集通道。

(3)微机生物信号处理系统参数设置:进入系统:点击"实验"菜单,选择"呼吸"或"自定义实验项目"菜单中的"呼吸运动调节",系统进入该实验信号记录状态。仪器参数:通道时间常数为直流,滤波频率 30 Hz,灵敏度 0.98 kPa(或 12.5 mL),采样频率 800 Hz,扫描速度 1 s/div。连续单刺激方式,刺激强度 5～10 V,刺激波宽 2 ms,刺激频率 30 Hz。

3. 以上操作完成后,进行如下实验步骤和记录

实验步骤	实验记录
(1)描记正常呼吸曲线。启动生物信号采集处理系统记录按钮,记录一段正常呼吸曲线作为对照。	辨认吸气、呼气时曲线的波形变化:
(2)缺 O_2 对呼吸运动的影响。闭塞一侧气管插管约 10 s,使兔处于缺 O_2 的状况。	呼吸运动的变化:
(3)增大无效腔后对呼吸运动的影响。在气管插管一个侧管上接一根 50 cm 的乳胶管。	呼吸运动的变化:
(4)增加吸入气中的 CO_2 浓度。将装有无水碳酸钙的锥形瓶通过一细塑料管连接气管插管的侧管。滴入浓 HCl,使无水碳酸钙和 HCl 反应所产生的 CO_2 随着吸气进入气管。	呼吸运动的变化:
(5)血液酸碱度对呼吸运动的影响。用 5 mL 注射器,由耳缘静脉注入 3% 的乳酸溶液 2 mL。	呼吸运动的变化:
(6)观察迷走神经在呼吸运动中的作用。在观察一段正常的呼吸运动后,先剪一侧迷走神经。然后,再剪断另一	剪断一侧迷走神经呼吸运动的变化:

续表

实验步骤	实验记录
侧迷走神经。以中等强度（5～10 V）、频率为 15～30 Hz、波宽 2 ms 的连续电脉冲刺激一侧迷走神经中枢端。	剪断另外一侧迷走神经呼吸运动的变化： 电刺激迷走神经呼吸运动的变化：

五、结果与分析

上述处理后呼吸频率和强度变化的机理是什么？

六、思考题

如果电刺激迷走神经离中端，家兔的呼吸活动是否有明显变化，为什么？

七、注意事项

1. 做气管插管前一定注意把气管内清理干净后再插管，实验时保证呼吸畅通。

2. CO_2 处理中一旦呼吸有所变化，应迅速停止 CO_2 的吸入，吸入过量的 CO_2 会造成兔的死亡。

3. 增大无效腔，呼吸运动出现明显变化后，应立即打开橡皮管的夹子，以恢复正常通气。

【背景知识】

氧从外界空气中运送到细胞经过外呼吸、气体运输、内呼吸 3 个环节，在此过程中任何一个环节发生障碍均可引起机体缺氧。缺氧的发生可以是急性的，也可以是慢性的。根据缺氧的原因和血氧变化特点，一般分为两种类型。

1. 低张性缺氧

主要是由于动脉血氧分压过低，以致动脉血供应组织的氧不足。

(1)原因：①吸入的空气中氧分压(PO_2)或氧含量过低；②呼吸功能障碍，由肺的通气或换气功能障碍引起缺氧；③静脉血分流入动脉：见于某些先天性心脏病，如心室间隔或心房间隔缺损同时伴有肺动脉高压时，因右心的静脉血未经氧合作用就直接流入左心或动脉，可使动脉血氧分压降低。

(2)血氧变化特点：血氧容量正常或增高（如慢性缺氧时红细胞数目增多）；动脉血氧分压、血氧含量、血氧饱和度均低于正常；动、静脉血氧含量差接近正常或缩小，病人可出现不同程度的紫绀。

2. 等张性缺氧（血液性缺氧）

主要是由于血氧容量减少，以致动脉血氧含量降低。

(1)原因：①严重贫血：各种原因引起的严重贫血，由于单位容积血液内红细胞或血红蛋白减少，因而携氧量减少，导致缺氧。②一氧化碳(CO)中毒：CO与血红蛋白的亲和力较氧与血红蛋白的亲和力大200余倍。因此，只要吸入气体中含有小量的CO，就足以形成大量的碳氧血红蛋白，从而妨碍血红蛋白与氧结合，造成血液运氧能力障碍而发生缺氧。煤、汽油燃烧不完全时，可产生大量CO，尤其在密闭环境中，更易造成CO聚积而引起中毒。③高铁血红蛋白形成：硝基苯、亚硝酸盐、磺胺类、非那西汀、高锰酸钾和硝酸甘油等中毒可使血红蛋白Fe^{2+}转化为Fe^{3+}，形成高铁血红蛋白。不新鲜的蔬菜或新腌渍的咸菜，含有较多的硝酸盐，在肠内经细菌作用变为亚硝酸盐。如食入过多，可引起肠源性高铁血红蛋白血症，高铁血红蛋白不能携氧，且使氧离曲线左移，氧不易释出，导致缺氧。

(2)血氧变化特点：由于吸入气体中氧分压和呼吸功能正常，所以动脉血氧分压正常，因血液带氧能力降低。动脉血氧容量和血氧含量均降低，但血氧饱和度正常。

另外并不是吸入的氧越多越好，当吸入气体中氧分压过高（大于0.5个大气压），细胞内氧过多，造成细胞损伤时称为氧中毒。氧中毒常由吸入高压氧引起，但在常压下高浓度氧的持续吸入亦可能造成氧中毒。氧中毒的发生主要取决于氧分压和吸入时间。氧分压越高、吸入时间越长，中毒越严重。吸入约1个大气压氧8 h，即可出现呼吸困难、肺活量减少等呼吸系统中毒症状。吸入4个大气压氧数十分钟或吸入6个大气压氧数分钟，病人即可出现中枢神经系统中毒症状。相反，宇航员在1/3大气压环境中吸入纯氧，不易出现氧中毒。

　　氧中毒的机理尚不明确,一般认为与活性氧(包括超氧阴离子、过氧化氢、羟自由基等)的毒性作用有关。氧分压过高,活性氧产生增加。氧中毒主要影响到肺、中枢神经系统、造血系统(红细胞系列)、内分泌系统及视网膜,其中肺部病变较为突出,主要为肺充血、水肿、出血、肺透明膜形成等。中枢神经系统中毒表现为头晕、恶心、视觉障碍、耳鸣、抽搐、晕厥等神经症状,重者可危及生命。新生儿,特别是早产儿,对氧的毒性特别敏感,氧中毒可导致呼吸器官发育异常,所以对小儿给氧尤要小心。

　　对氧中毒尚无有效的治疗方法,所以应以预防为主。氧疗时应控制吸氧的浓度和时间。采用高压氧吸入时,应严格控制氧压和使用时限。一旦发生氧中毒,要中断吸入高压氧或尽可能改为低浓度氧吸入或高、低浓度氧交替使用。采用间歇性高浓度氧疗,可延缓氧中毒的发生,每吸入高浓度氧数小时后,应尽量短时间内停止吸氧或降低吸氧的浓度。一般认为吸纯氧不应超过 $8 \sim 12$ h。在常压下吸入 40% 或吸入低于 60% 的氧一般是安全的。

实验十九　胸内压的测定

一、实验目的

学习胸膜腔内压(简称胸内压)的直接测定方法,观察动物平静呼吸和加强呼吸时胸内压的变化,了解其胸内压的产生机理。

二、实验原理

胸膜腔是由胸膜壁层和脏层所构成的密闭而潜在间隙。胸膜腔内的压力通常低于大气压,称为胸内负压。胸内负压的大小随呼吸周期的变化而改变。吸气时肺扩张,回缩力增强,负压增大;呼气时肺缩小,回缩力减小,负压减小。当胸膜腔一旦与外界相通造成开放性气胸,则胸内负压消失,形成气胸,肺组织萎缩。

三、实验材料

1. 实验对象　家兔。
2. 实验试剂　40％酒精生理盐水合剂或20％氨基甲酸乙酯。
3. 仪器与器材　手术器械、兔手术台、注射器、铁支架、玻璃分针、胸内套管(连一"U"形水检压计,内装有带颜色的水)。

四、实验步骤与记录

实验步骤	实验记录
1. 实验前手术准备。 (1)动物称重:右手抓住兔颈背部皮肤,左手托住兔子臀部,将兔抱于胸前放入台秤进行称重。	兔子重_____kg。

续表

实验步骤	实验记录
(2)动物麻醉:经耳缘静脉注射 40% 酒精生理盐水合剂(7～8 mL/kg 体重)或 20% 的氨基甲酸乙酯溶液(5 mL/kg 体重)进行麻醉,经远离耳根部位的耳缘静脉缓慢注射,麻醉家兔。麻醉后,将家兔仰卧固定于兔解剖台上,四肢和门牙用绳子固定。	麻醉剂名称＿＿＿＿＿＿。麻醉剂用量＿＿＿＿＿mL。 麻醉后动物表现:
(3)于右侧腋中线与第 4～5 肋间隙交点处,沿肋骨上缘剪毛,切开皮肤,插入连有水检压计的胸内套管,当水检压计水柱随呼吸运动上下波动时,说明针头已进入胸膜腔,应停止进针,并固定在这一位置(如图 19-1 所示)。	手术过程记录: 突发事件: 处理措施:
2. 观察项目 (1)观察胸内负压与呼吸运动变化的关系,记录平静呼吸时胸内负压的数值。 (1 mmHg = 1.36 cm H_2O = 0.133 kPa)	平静呼吸时胸内负压＿＿＿ mmHg。
(2)堵塞气管套管使呼吸运动加强,记录其胸内压的数值。	堵塞气管时胸内压＿＿＿＿ mmHg。
(3)自腹中线剖开,推开腹腔脏器,露出膈肌,观察膈肌随呼吸运动的变化。	膈肌收缩,胸内压＿＿＿＿ mmHg; 膈肌舒张,胸内压＿＿＿＿ mmHg。
(4)剪开右前胸皮肤,切断肋骨造成人工开放性气胸,观察胸内压的变化。	人工气胸时胸内压＿＿＿＿ mmHg。
(5)打开胸腔,找到膈神经(在心基部),电刺激膈神经观察膈肌运动情况。	电刺激膈神经,膈肌运动＿＿＿＿。

五、结果与分析

堵塞气管时与正常时胸内压的差是:＿＿＿＿ mmHg,原因是:＿＿＿＿＿＿。

气胸时与正常时胸内压的差是:＿＿＿＿ mmHg,原因是:＿＿＿＿＿＿。

六、思考题

1. 胸内负压是怎样形成的？为什么胸内压的变化与呼吸运动的变化有关？

2. 平静呼吸时，胸内压为什么始终低于大气压？

3. 胸内负压有何生理意义？人工形成气胸后，若将胸壁切口严密缝合，再将胸膜腔内的空气抽出，胸内负压能否恢复？为什么？

七、注意事项

穿刺时，胸内套管尖端应朝向头侧，首先用较大力量穿透肌肉，然后控制进针力量，用手指抵住胸壁，防止刺入过深。插胸内套管时，切口不宜太大，动作要迅速，以免空气漏入胸膜腔过多。若穿刺较深而未见水柱波动，应转动一下胸内套管变换角度或拨出看套管是否被堵塞。

【背景知识】

胸膜腔内压的测定方法

胸膜腔内压的测定一种方法是直接法，将与检压计相连接的注射针头斜刺入胸膜腔内，检压计的液体即可直接指示胸膜腔内的压力（本实验）。直接法的缺点是有刺破胸膜脏层和肺的危险。另一种方法是间接法，让受试者吞下带有薄壁气囊的导管至下胸部的食管，由测量呼吸过程中食管内压变化来间接地指示胸膜腔内压变化。这是因为食管在胸内介于肺和胸壁之间，食管壁薄而软，在呼吸过程中两者的变化值基本一致。故可以测食管内压力的变化以间接反映胸膜腔内压的变化。

胸膜腔内压的成因

胸膜腔内负压是出生后发展起来的。动物出生后，肺即随胸廓的扩张而增大，此时胸膜腔内负压很小。以后由于胸廓的发育速度大于肺的发育速度,使胸廓容积大于肺的自然容积,由于二者都具有弹性,胸廓欲向外扩大,而肺则要向内缩小,而二者又不能分开。于是胸廓的容积比其自然容积为小;而肺的容积比其自然容积大。如剪开胸腔使之与大气压相通,破坏胸膜两层之间的依从关系,发现肺向内萎缩,而胸廓则向外扩大。这也证明了胸膜腔内压低于大气压,为负压。胸膜腔内压实质上是加于胸膜表面的压力所间接形成的。在肺处于吸气末或呼气末静止状态时,作用于胸膜内层表面的压力有两种:一种是肺内压,此时肺内压等于大气压,这种压力使肺扩张;另一种是肺由于被动扩张而产生的弹性回缩力,其方向与前者正好相反。因此胸膜腔内压力实际反映了这两种作用力的关系。为两者相反力的代数和。即:胸膜腔内压=肺内压—肺泡回缩力,在吸气末或呼气末,肺内压=大气压,故胸膜腔内压正好等于肺泡回缩力的负值。肺泡扩张越大,回缩力也越大,相应胸膜腔内压的负值也大,在平静呼吸时,不论吸气期或呼气期,胸膜腔内压均低于大气压呈负压。但是,如果关闭声门或上呼吸道阻塞时,剧烈咳嗽,是一种用力呼气运动,胸膜腔内压可升高到 14.63 kPa,胸膜腔内压是正压。这是由于用力呼气时,气体不能呼出,而肺又回缩,使肺内压急剧升高,造成胸膜腔内压成正压。在此时,如果用力吸气,肺容积扩大,但气体不能吸入肺内,使肺内压剧烈下降,造成胸膜腔内压负值更大。这也表明胸膜腔内压与肺内压、肺泡弹性回缩力的关系。胸膜腔内负压对循环功能也有重要影响。负压可以使心房、腔静脉和胸导管等的容积也增大,使其中血压降低,有助于静脉血回流入心。负压值的增大或减小,静脉回心血流量也相应增加或减少。

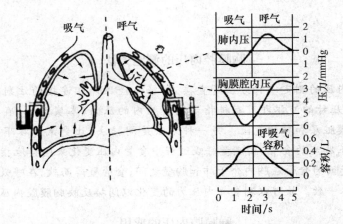

图 19-1 吸气和呼气时,肺内压、胸膜腔内压及呼吸气容积的变化过程(右)和胸膜腔内压直接测量示意图(左)

实验二十　小肠吸收和渗透压的关系

一、实验目的

了解小肠吸收与肠内容物渗透压的关系。

二、实验原理

在消化系统中,食物在口腔和食道内几乎不被吸收。在胃内,食物的吸收也是很少的,胃可吸收酒精和少量水分,大肠主要吸收水分和盐类,因此小肠是吸收的主要部位。肠内容物的渗透压是制约小肠吸收的重要因素。同种溶液在一定浓度范围,浓度愈高吸收愈慢。但浓度过大时可致反渗透现象,要在浓度降低至一定程度后,溶质才被吸收。而水的吸收是被动的渗透过程,即需待溶质被吸收后,溶液成低渗时,水再向肠壁、血液中转移。

三、实验材料

1. 实验动物　家兔。
2. 实验试剂　40% 酒精生理盐水合剂或 20% 氨基甲酸乙酯、饱和硫酸镁溶液、0.7% NaCl 溶液、0.9% NaCl 溶液、5% 葡萄糖溶液、蒸馏水。
3. 仪器与器材　解剖台、手术器械、注射器、棉线。

四、实验步骤与记录

实验步骤	实验记录
1. 实验前手术准备。 (1) 动物称重:右手抓住兔颈背部皮肤,左手托住兔子臀部,将兔抱于胸前放入台秤进行称重。	兔子重_____kg。

续表

实验步骤	实验记录
(2)动物麻醉:经耳缘静脉注射 40% 酒精生理盐水合剂 (7～8 mL/kg BW)或 20% 的氨基甲酸乙酯溶液 (5 mL/kg BW)进行麻醉,从远离耳根部位的耳缘静脉缓慢注射,麻醉家兔。麻醉后,将家兔仰卧固定于兔解剖台上,四肢和门牙用绳子固定。	麻醉剂名称_____； 麻醉剂用量_____mL。 麻醉后动物表现:
(3)仰卧保定,找到空肠,结扎近幽门端,自结扎处轻轻将肠腔内容物往肛门方向挤压,使之空虚,选择如此处理的小肠五段,每段长 8 cm 左右,两端用棉线结扎,使各段肠腔互不相通。	手术过程记录: 突发事件: 处理措施:
2.实验项目。 (1)往各个肠段分别注入预热至 37℃ 的 0.7% NaCl 溶液、0.9% NaCl 溶液、饱和硫酸镁溶液、5% 葡萄糖溶液和蒸馏水各 5 mL,做好标记,记下注入时间,用止血钳闭合腹腔,覆盖上浸透温热生理盐水的纱布,用手术灯照明,以防散热。	各肠段初始容量_____mL； _____mL； _____mL； _____mL； _____mL。
(2)经 30 min 后,首先观察各肠段涨缩情况,然后用大号针头分别抽取各肠段内容物,记下各肠段吸收数量。	30 min 后各肠段容量_____mL； _____mL； _____mL； _____mL； _____mL。

五、结果与分析

1. 注入 0.7% NaCl 溶液前后肠容量的差值是:_____mL,原因是:_____。

2. 注入 0.9% NaCl 溶液前后肠容量的差值是:_____mL,原因是:_____。

3. 注入饱和硫酸镁溶液前后肠容量的差值是:_____mL,原因是:_____。

4. 注入 5% 葡萄糖溶液前后肠容量的差值是:_____mL,原因是:_____。

5. 注入蒸馏水前后肠容量的差值是:_____mL,原因是:_____。

六、思考题

1. 注入 0.7% NaCl 溶液或 0.9% NaCl 溶液后，为什么两者的吸收量不一样？

2. 为什么可将饱和硫酸镁溶液用作泻药？

七、注意事项

结扎肠段时，应防止把血管结扎；注意实验动物的保温。

【背景知识】

1. 空肠结构

空肠上端起于十二指肠空肠曲，下端与回肠相连。空肠与回肠盘绕于腹腔的中、下部，两者间无明显的界限，空肠约占空回肠的上 2/5，主要位于左外侧区和脐区，其特点是血管丰富，较红润，管壁厚管腔大，黏膜面有高而密的环形皱壁，并可见许多散在的孤立淋巴滤泡。空肠与回肠在腹腔内迂曲盘旋形成肠袢。空、回肠二者之间虽没有明显的分界，但外观上，空肠管径较粗，管壁较厚，血管较多，颜色较红；而回肠管径较细，管壁较薄，血管较少，颜色较浅。此外，肠系膜的厚度从上到下逐渐变厚，脂肪含量越来越多。空、回肠肠系膜内血管的分布也有区别，空肠的直血管较回肠长，回肠的动脉弓的级数多（可达 4 级或 5 级弓），而空肠的动脉弓级数少。

2. 血浆渗透压

渗透压指的是溶质分子通过半透膜的一种吸水力量，其大小取决于溶质颗粒数目的多少，而与溶质的分子量、半径等特性无关。由于血浆中晶体溶质数目远远大于胶体数目，所以血浆渗透压主要由晶体渗透压构成。血浆胶体渗透压主要由蛋白质分子构成,其中,血浆白蛋白分子量较小,数目较多(白蛋白＞球蛋白＞纤维蛋白原),决定血浆胶体渗透压的大小。晶体渗透压主要维持细胞内外水平衡,胶体渗透压主要维持血管内外水平衡。

3. 等渗溶液与等张溶液

在临床或生理实验使用的各种溶液中,其渗透压与血浆渗透压相等的称为等渗溶液(如0.85％ NaCl溶液),高于或低于血浆渗透压的则相应地称为高渗溶液或低渗溶液。将正常红细胞悬浮于不同浓度的 NaCl 溶液中即可看到:在等渗溶液中的红细胞保持正常大小和双凹圆碟形;在渗透压递减的一系列溶液中,红细胞逐步胀大并双侧凸起,当体积增加30％ 时成为球形;体积增加45％～60％ 则细胞膜损伤而发生溶血,这时血红蛋白逸出细胞外,仅留下一个双凹圆碟形细胞膜空壳,称为影细胞(ghost cell)。正常人的红细胞一般在0.42％ NaCl溶液中时开始出现溶血,在0.35％ NaCl溶液中时完全溶血。不同物质的等渗溶液不一定都能使红细胞的体积和形态保持正常;能使悬浮于其中的红细胞保持正常体积和形状的盐溶液,称为等张溶液。所谓"张力"实际是指溶液中不能透过细胞膜的颗粒所造成的渗透压。例如 NaCl 溶液不能自由透过细胞膜,所以0.85％ NaCl溶液既是等渗溶液,也是等张溶液;但如尿素,因为它是能自由通过细胞膜的,1.9％ 尿素溶液虽然与血浆等渗,但红细胞置入其中后立即溶血,所以不是等张溶液。

实验二十一　胰液、胆汁的分泌

一、实验目的

了解动物胰液和胆汁两个重要消化液的分泌,以及神经、激素对它们分泌的调控。

二、实验原理

肝脏和胰腺是机体重要的消化器官,能够分泌胰液和胆汁。胰液和胆汁的分泌受神经和体液两种因素的调节。与神经调节相比较,体液调节更为重要。在稀盐酸和蛋白质分解产物及脂肪的刺激作用下,十二指肠黏膜可以产生胰泌素和胆囊收缩素。胰泌素主要作用于胰腺导管的上皮细胞,引起水和碳酸盐的分泌;而胆囊收缩素主要引起胆汁的排出和促进胰酶的分泌。图 21-1 为犬胰主导管、胆总管解剖位置示意图。

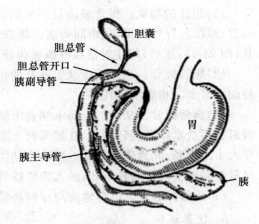

图 21-1　犬胰主导管、胆总管解剖位置示意图

三、实验材料

1. 实验动物　家兔。
2. 实验试剂　40% 酒精生理盐水合剂或 20% 氨基甲酸乙酯、稀醋酸、0.5% HCl 溶液、粗制胰泌素、胆囊胆汁。
3. 仪器与器材　RM6240 或 BL-420 生物信号采集处理系统、计滴器、保护电极、手术台、手术器械、注射器及针头、各种粗细的塑料管(或玻璃套管)、纱布、丝线、秒表。

四、实验步骤与记录

1. 实验前手术准备

(1)动物称重：右手抓住兔颈背部皮肤，左手托住兔子臀部，将兔抱于胸前放入台秤进行称重。

(2)动物麻醉：经耳缘静脉注射40％酒精生理盐水合剂（7～8 mL/kg BW）或20％的氨基甲酸乙酯溶液（5 mL/kg BW）进行麻醉，从远离耳根部位的耳缘静脉中缓慢注射，麻醉家兔。麻醉后，将家兔仰卧固定于兔解剖台上，四肢和门牙用绳子固定。

2. 胰液和胆汁的收集

(1)胆汁的抽取。按常规进行手术后，于剑突下沿正中线切开腹壁 10 cm，拉出胃；双结扎肝胃韧带，从中间剪断。将肝脏上翻找到胆囊及胆囊管，将胆囊管结扎（图 21-1）；然后，用注射器抽取胆囊胆汁数毫升备用。

(2)胆管插管。通过胆囊及胆囊管的位置找到胆总管，插入胆管插管，并同时将胆总管十二指肠端结扎。

(3)胰管插管。从十二指肠末端找出胰尾，沿胰尾向上将附着于十二指肠的胰液组织用盐水纱布轻轻剥离，在尾部向上 2～3 cm 处可看到一个白色小管从胰腺穿入十二指肠，此为胰主导管。待认定胰主导管后，分离胰主导管并在下方穿线，尽量在靠近十二指肠处切开，插入胰管插管，并结扎固定。

(4)股静脉插管。以备输液与注射药物时之用。

3. 仪器连接

启动计算机，打开 RM6240 或 BL-420 主机电源，在桌面上单击 RM6240 或 BL-420 图标，进入 RM6240 或 BL-420 应用程序窗口。选择实验项目，将两个计滴器连接到计算机上，即可开始实验。

实验步骤	实验记录
(1)观察胰液和胆汁的基础分泌：未给予任何刺激情况下记录每分钟分泌的滴数。胆汁为不间断地少量分泌，而胰液分泌极少或不分泌。	胰液基础分泌量＿＿＿＿ mL。 胆汁基础分泌量＿＿＿＿ mL。

续表

实验步骤	实验记录
(2) 酸化十二指肠的作用:将十二指肠上端和空肠上段的两端用粗棉线扎紧,而后向十二指肠腔内注入 37℃ 的 0.5% HCl 溶液 25~40 mL,记录潜伏期,观察胰液和胆汁分泌有何变化(观察时间 10~20 min)。	注射 HCl 后胰液分泌量_____ mL。 注射 HCl 后胆汁分泌量_____ mL。
(3) 股静脉注射粗制胰泌素 5~10 mL,记录潜伏期,观察胰液和胆汁的分泌量有何变化。	注射胰泌素后胰液分泌量_____ mL。 注射胰泌素后胆汁分泌量_____ mL。
(4) 股静脉注射胆囊胆汁 1 mL(胆囊胆汁稀释 10 倍),观察胰液和胆汁的变化。	注射胆汁后胰液分泌量_____ mL。 注射胆汁后胆汁分泌量_____ mL。

五、结果与分析

1. 注射 HCl 前后胰液的差值是:_____mL,原因是:_____。
2. 注射 HCl 前后胆汁的差值是:_____mL,原因是:_____。
3. 注射胰泌素前后胰液的差值是:_____mL,原因是:_____。
4. 注射胰泌素前后胆汁的差值是:_____mL,原因是:_____。
5. 注射胆汁前后胰液的差值是:_____mL,原因是:_____。
6. 注射胆汁前后胆汁的差值是:_____mL,原因是:_____。

六、思考题

1. 调节胰液和胆汁分泌的神经有哪些?其机制是什么?

2. 调节胰液和胆汁的体液因素有哪些?其机制是什么?

七、注意事项

1. 术前应充分熟悉手术部位的解剖结构。

2. 手术操作应细心,尽量防止出血,若遇大量出血须完全止血后再行分离手术。

3. 胆囊管要结扎紧,使胆汁的分泌量不受胆囊舒缩的影响。

4. 剥离胰液管时要小心谨慎,操作时应轻巧仔细。

5. 实验前 2～3 h 给动物少量喂食,用以提高胰液和胆汁的分泌量。

【背景知识】

1. 迷走神经变性法

刺激迷走神经可引起胰液和胆汁分泌,但迷走神经中的运动神经纤维发放冲动可使心跳抑制、胰导管收缩,难以观察到胰液流出,故需要将迷走神经的运动纤维变性,而保留传入纤维(传入纤维的变性时间较长)。使迷走神经变性的方法是:将兔浅麻,无菌操作剖开颈部皮肤,游离一段迷走神经并做双结扎,从中间剪断,将向中端的线头剪短弃去。离中端的线头用缝针引导穿出皮肤,并缚于一小纱布卷固定之,此段神经就被移至皮下,对神经下的肌肉做间断性缝合,再将被切开的皮肤缝合。经过 4～5 d 后,迷走神经的运动纤维便变性,而分泌纤维尚未变性,刺激此变性的迷走神经,将只会出现其分泌效应。实验时拆去皮肤缝线,就暴露出此变性的迷走神经。

2. 参与调节胆汁分泌和排出的体液因素

(1)胃泌素:胃泌素对肝胆的分泌及胆囊平滑肌的收缩均有一定的刺激作用,它可通过血液循环作用于肝细胞和胆囊;也可先引起胃酸分泌,后者再作用于十二指肠黏膜,引起促胰液素释放而促进肝胆汁分泌。

(2)促胰液素:促胰液素主要的作用是刺激胰液分泌,但它还有一定的刺激肝胆汁分泌的作用。促胰液素主要作用于胆管系统而非作用于肝细胞,它引起的胆汁分泌主要是水量和 H_2CO_3 含量的增加,胆盐的分泌并不增加。

(3)胆囊收缩素:在蛋白质分解产物、盐酸和脂肪等物质作用下,小肠上部黏膜内的Ⅰ细胞可释放胆囊收缩素,它通过血液循环兴奋胆囊平滑肌,引起胆囊的强烈收缩。胆囊收缩素对括约肌则有降低其紧张性的作用,因此可促使胆囊汁的大量排放。

(4)胆盐:胆汁中的胆盐或胆汁酸排至小肠后,绝大部分(约90%以上)仍可由小肠(主要为回肠末端)黏膜吸收入血,通过门静脉回到肝,再组成胆汁而又分泌入肠,这一过程称为胆盐的肠肝循环。胆盐每循环一次约损失5%,每次进餐后6～8 g胆盐排出。每次进餐后可进行2～3次肠肝循环。

实验二十二　胃肠运动的直接观察

一、实验目的

观察动物在麻醉状态下胃肠运动情况以及神经和体液因素对胃肠运动的调节。

二、实验原理

胃肠运动作为物理性消化活动,在食物的消化分解中起着重要作用。消化道肌群属平滑肌,具有平滑肌运动的特性,由于消化道各部位平滑肌结构不同,所表现的运动形式亦不尽相同。胃:蠕动及紧张性收缩;肠:蠕动、分节运动、摆动。平滑肌运动主要受神经和体液因素的调节,理、化刺激也能影响胃肠道运动。

三、实验材料

1. 实验动物　家兔。
2. 实验试剂　40%酒精生理盐水合剂或20%氨基甲酸乙酯、0.1%肾上腺素、0.01%乙酰胆碱及台氏液或生理盐水。
3. 仪器与器材　刺激电极、兔解剖台、台秤、手术器械、注射器、丝线、烧杯、纱布。

四、实验步骤与记录

1. 实验前手术准备

(1)动物称重:右手抓住兔颈背部皮肤,左手托住兔子臀部,将兔抱于胸前放入台秤进行称重。

(2)动物麻醉:经耳缘静脉注射40%酒精生理盐水合剂(7~8 mL/kg B.W.)或20%的氨基甲酸乙酯溶液(5 mL/kg B.W.)进行麻醉,从远离耳根部位的耳缘静脉中缓慢注射,麻醉家兔。麻醉后,将家兔仰卧固定于兔解剖台上,四肢和门牙用绳子固定。

(3)从剑突下,沿正中线切开皮肤,打开腹腔,暴露胃肠。在膈下食管的末端找出迷走神经的前支,分离后,下穿一条细线备用。以浸有温台氏液的纱布将肠推向右侧,在左侧腹后壁肾上腺的上方找出左侧内脏大神经,下穿一条细线备用。

实验步骤	实验记录
(1)观察胃、肠的运动形式,并记录其频率。	正常胃、肠的运动频率。
(2)神经因素对胃肠运动的影响。 ①结扎剪断迷走神经,刺激离中端,观察胃肠运动有何变化。 ②刺激内脏大神经,观察胃肠运动有何变化。 ③剪断内脏大神经,观察胃肠运动有何变化。	刺激迷走离中端后胃、肠运动频率。 刺激内脏大神经后胃、肠运动频率。 剪断内脏大神经后胃、肠运动频率。
(3)体液因素对胃肠运动的影响。 ①选一段肠管,在其表面滴几滴 0.1% 肾上腺素,观察运动有何变化。 ②另选一段肠管,在其表面滴几滴 0.01%乙酰胆碱,观察运动有何变化。	滴肾上腺素后胃、肠运动频率。 滴乙胆酰碱后胃、肠运动频率。
(4)机械因素对胃肠运动的影响。 用镊子或手轻捏肠管的任何部位观察有何现象发生。	镊子轻捏肠管后胃、肠的运动频率。

五、结果与分析

实验项目	结果分析
1. 神经因素对胃肠运动的影响。 ①结扎剪断迷走神经,刺激离中端,观察胃肠运动有何变化。 ②刺激内脏大神经,观察胃肠运动有何变化。 ③剪断内脏大神经,观察胃肠运动有何变化。	结果: 原因: 结果: 原因: 结果: 原因:

续表

实验项目	结果分析
2. 体液因素对胃肠运动的影响。 ①选一段肠管，在其表面滴几滴 0.1％ 肾上腺素，观察运动有何变化。 ②另选一段肠管，在其表面滴几滴 0.01％乙酰胆碱，观察运动有何变化。	结果： 原因： 结果： 原因：
3. 机械因素对胃肠运动的影响。 用镊子或手轻捏肠管的任何部位观察有何现象发生？	结果： 原因：

六、思考题

1. 电刺激膈下迷走神经或内脏大神经，胃肠运动有何变化？为什么？

2. 正常情况下，食道、胃、小肠和大肠有哪些运动形式？

3. 胃肠上滴加乙酰胆碱或肾上腺素，胃肠运动有何变化？为什么？

七、注意事项

1. 胃肠在空气中暴露时间过长时，会导致腹腔温度下降。为了避免胃肠表面干燥，应随时用温热台氏液或温热生理盐水湿润胃肠，防止降温和干燥。

2. 动物禁食 12～24 h，实验前 2～3 h 喂饱。

【背景知识】

1. 内脏神经系统

主要分布于内脏、心血管和腺体。内脏神经和躯体神经一样，也含有感觉和运动两种纤维成分,内脏运动神经调节内脏、心血管的运动和腺体的分泌,通常不受人的意志控制,是不随意的,故有人将内脏运动神经称为自主神经系统,又因它主要是控制和调节动、植物共有的物质代谢活动,并不支配动物所特有的骨骼肌的运动,所以也称之为植物神经系统。

2．内脏大神经

起自脊髓第 5～9 胸段侧角发出的节前纤维,穿过相应的胸神经节,向下合成一干,组成内脏大神经。穿过膈脚,终于腹腔神经节和主动脉肾节,然后交换神经元。

3．消化道的神经支配

(1)内在神经系统:又称肠神经系统,分布于食道中段至肛门上段的消化道管壁内。神经丛中含有感觉神经元、运动神经元及中间神经元,感受消化道内化学、机械、温度等刺激,支配消化道平滑肌、腺体和血管。内在神经系统的神经递质种类很多,几乎具有中枢神经系统所有的递质。

(2)外来神经系统:包括交感神经和副交感神经。交感神经的节后纤维属肾上腺素能纤维(释放去甲肾上腺素),主要分布于内在神经元,抑制其兴奋性;或直接支配胃肠道平滑肌、血管平滑肌和胃肠道腺细胞。节后纤维支配肝、脾、肾、胰等器官及结肠左曲以上的消化道和盆腔内脏。交感神经兴奋时能抑制胃肠活动,减少腺体分泌,其作用途径有 2 种:①小范围内通过去甲肾上腺素直接抑制平滑肌;②大范围内通过去甲肾上腺素抑制肠神经系统的神经元。副交感神经主要是迷走神经,节后纤维支配胃肠道平滑肌和腺体,多数是胆碱能纤维,其兴奋时引起胃肠道运动加强,腺体分泌增加。

实验二十三　离体小肠平滑肌的生理特性

一、实验目的

通过观察各种因素对离体小肠平滑肌运动的影响,加深对平滑肌生理特性的了解;学习动物离体组织器官灌流的实验方法。

二、实验原理

消化管、血管、子宫、输尿管、输卵管等均由平滑肌组成。平滑肌除具有肌肉的一般生理特性外,还具有自动节律性、较大的伸展性及对化学、温度和牵拉刺激敏感等生理特性。在一定时间内,离体肠段虽然失去外来神经的支配,但肠壁神经丛仍存在,在适宜的条件下,仍能保持平滑肌收缩的特性。

三、实验材料

1. 实验对象　家兔或豚鼠。
2. 实验试剂　台氏液、1:10 000 肾上腺素、1:10 000 乙酰胆碱、1% $CaCl_2$ 溶液、1 mol/L HCl 溶液、1 mol/L NaOH 溶液。
3. 仪器与器材　RM6240 或 BL-420 生物信号采集处理系统、恒温平滑肌浴槽、张力换能器、手术器械、注射器、纱布、棉线、丝线、温度计、长滴管。

四、实验步骤与记录

1. 手术制备

向家兔耳缘静脉注射空气(或用木棒猛击兔的后脑部)使其致死,将兔背位固定于手术台上,腹部剪毛后,沿正中线切开皮肤和腹壁,找到胃,以胃幽门与十二指肠交界处为起点,快速沿肠缘剪去肠系膜,然后再剪取 20～30 cm 长的十二指肠,置于 4℃ 左右的台氏液中轻轻漂洗,可用注射器向肠腔内注入台氏液冲洗肠腔内壁,并置于低温(4～6℃)台氏液中备用。实验时将肠管剪成 2～3 cm 的肠段,用棉线结扎肠段两端,将一端结扎线连于浴槽内的标本固定钩上,另一端连于张力换能器,适当调节换能器的高度,使其与标本之间松紧度合适。此相连的线必需垂直,并且不能与浴槽壁接触,避免摩擦。向中央标本槽内加入台氏液至浴槽高度的2/3 处。启开电源,恒温工作点定在 38℃。图 23-1 为离体小肠平滑肌灌流装置。

　　2. 仪器连接

　　进入 RM6240 或 BL-420 计算机生物信号采集处理系统,选择离体小肠平滑肌的生理特性实验项目,张力换能器输入端与系统的第 3 通道或第 4 通道相连。

实验步骤	实验记录
(1)观察、记录 38℃ 台氏液中的肠段节律性收缩曲线。	38℃ 台氏液中的肠段收缩曲线 _____。
(2)观察、记录 25℃ 台氏液中的肠段节律性收缩曲线。	25℃ 台氏液中的肠段收缩曲线 _____。
(3)待中央标本槽内的台氏液的温度稳定在 38℃ 后,加 1:10 000 肾上腺素 1～2 滴于中央标本槽中,观察肠段收缩曲线的改变。在观察到明显的作用后,用预先准备好的新鲜 38℃ 台氏液冲洗 3 次。	滴肾上腺素后肠段收缩曲线 _____。
(4)待肠段活动恢复正常后,再加 1:10 000 乙酰胆碱 1～2 滴于中央标本槽中,观察肠段收缩曲线的改变。作用出现后同上法冲洗肠段。	滴乙酰胆碱后肠段收缩曲线 _____。
(5)向中央标本槽内加入 1 mol/L NaOH 溶液 1～2 滴,观察肠段收缩曲线的改变。作用出现后同上法冲洗肠段。	滴 NaOH 后肠段收缩曲线 _____。
(6)向中央标本槽内加入 1 mol/L HCl 溶液 1～2 滴,观察肠段收缩曲线的改变。待作用出现后同上法冲洗肠段。	加 HCl 后肠段收缩曲线 _____。
(7)向中央标本槽内加入 1% CaCl$_2$ 溶液 2～3 滴,观察肠段收缩曲线的改变。	加 CaCl$_2$ 后肠段收缩曲线 _____。

五、结果与分析

实验项目	结果分析
1. 加 1:10 000 肾上腺素 1～2 滴于中央标本槽中,观察肠段收缩曲线的改变。	结果: 原因:
2. 加 1:10 000 乙酰胆碱 1～2 滴于中央标本槽中,观察肠段收缩曲线的改变。	结果: 原因:
3. 加 1 mol/L NaOH 溶液 1～2 滴,观察肠段收缩曲线的改变。	结果: 原因:
4. 加入 1 mol/L HCl 溶液 1～2 滴,观察肠段收缩曲线的改变。	结果: 原因:
5. 加入 1% $CaCl_2$ 溶液 2～3 滴,观察肠段收缩曲线的改变。	结果: 原因:

六、思考题

1. 比较维持哺乳动物离体小肠平滑肌活动和维持离体蛙心活动所需的条件有何不同? 为什么?

2. Ca^{2+} 在平滑肌收缩中起什么作用?

3. 为什么加入各种药物会引起离体肠段运动的变化?

七、注意事项

1. 实验动物先禁食 24 h,于实验前 1 h 喂食,然后处死,取出标本,肠运动效果更好。

2. 标本安装好后,应在新鲜 38℃ 台氏液中稳定 5～10 min,有收缩活动时即可开始实验。

3. 注意控制温度。加药前,要先准备好更换用的新鲜 38℃ 台氏液,每个实验项目结束后,应立即用 38℃ 台氏液冲洗,待肠段活动恢复正常后,再进行下一个实验项目。

4. 实验项目中所列举的药物剂量为参考剂量,若效果不明显,可以增补剂量,但要防止一次性加药过量。

【背景知识】

1. 肠肌电

肠离体后,置于适宜的理化环境中,仍可记录到慢波和快波两种电活动,慢波是平滑肌本身所具有的自发性缓慢的电变化,是一种肌源性的电活动。慢波虽不能直接引起肌肉收缩,但可提高平滑肌的兴奋性,可使膜电位向暴发锋电位的水平移动。锋电位(快波)可引起一次肌肉收缩。可利用上述实验材料同时记录小肠平滑肌电活动和收缩活动。在小肠段的近肛门端用两根直径为 0.10～0.15 mm,尖端裸露 0.1 mm 的绝缘不锈钢丝作电极,以与肠纵轴垂直的方向插入浆膜下约 3 mm,用缝线将电极固定于浆膜层,避免滑脱。两电极相距 2 mm(两电极的距离不宜过宽,以免同时记录到许多不同步的起搏细胞的电位变化)。装标本时,要使插入两电极的肠段露出液面,实验中要注意滴加台氏液,防止标本干燥。引导电极与张力换能器分别连接计算机生物信号采集处理系统的两个通道(或二道生理记录仪的两个放大器)输入端,以同时记录小肠平滑肌电活动和收缩活动。

2. 肠内在神经系统的主要递质及作用

肠内在神经系统的主要递质及作用见表 23-1。

表 23-1　肠内在神经系统的主要神经递质及作用

神经递质名称	分布及作用
乙酰胆碱(Ach)	支配胃肠道平滑肌、肠上皮细胞、壁细胞、某些肠道的内分泌细胞以及神经突触的主要兴奋性递质
去甲肾上腺素(NE)	具有抑制非括约肌部位的运动、收缩括约肌、抑制分泌调节反射、收缩肠道小动脉等作用
胆囊收缩素(CCK)	存在于某些分泌调节性神经元和中间神经元,参与兴奋性传递,与肌肉兴奋有关
胃泌素释放肽(GRP)	对胃泌素细胞有兴奋作用,也存在于支配肌肉的神经纤维和中间神经元

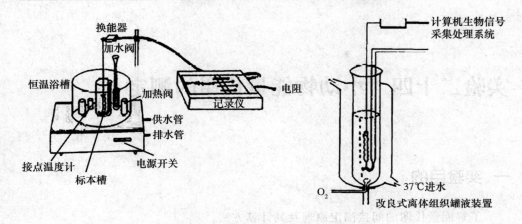

图 23-1　离体小肠平滑肌灌流装置

实验二十四　小动物能量代谢的测定

一、实验目的

了解能量代谢的间接测定原理及其计算方法。

二、实验原理

体内能量全部来源于物质的氧化分解,依据化学反应的定比定律,机体的耗氧量与能量代谢率成正相关,因此可通过测定耗氧量间接测定机体的能量代谢。本实验通过测定机体消耗一定量氧气所需要的时间,测出每小时的耗氧量,从而计算出能量代谢率。

三、实验材料

1. 实验对象　小鼠。
2. 实验试剂　钠石灰(用纱布包好)、液体石蜡。
3. 仪器与器材　广口瓶(500 mL)、橡皮塞、温度计、20 mL 注射器、水检压计、弹簧夹、乳胶管、充有 O_2 的球胆。

四、实验步骤和记录

实验前手术准备

(1)实验前将小鼠禁食 12 h。将小鼠称重后放入广口瓶内的小动物笼内,加塞密闭。

(2)按图 24-1 安装并检查实验装置。将注射器内涂抹少量液体石蜡,反复推、拉注射器芯几次,使液体石蜡在注射器内形成均匀的薄层,以防止漏气。在广口瓶塞周围、温度计及玻璃管出口处涂少量液体石蜡或凡士林,使整个装置密封。打开夹子 A 与三通开关,使氧气球胆与注射器及广口瓶同时连通,用注射器抽取略超过 20 mL 的氧气。

实验步骤	实验记录
1. 拨动三通开关,关闭氧气球胆通道,注射器与广口瓶的通道仍开放,让动物适应瓶内环境 3～5 min。将注射器推到 20 mL 刻度处,关闭夹子 A。同时记下时间及广口瓶内的温度。	广口瓶内温度 _____ ℃。 所费时间 _____ min。
2. 将注射器向前推进 2～3 mL,若系统是密封的,此时水检压计水柱应升高。因小鼠消耗 O_2,而呼出的 CO_2 被钠石灰吸收,故广口瓶内气体逐渐减少,水检压计的液面回降,直到水检压计两水柱液面达到水平,再将注射器推进 2～3 mL。如此反复,直至推完 10 mL,待水检压计两水柱液面再次降至水平时,记下时间,可知消耗 10 mL O_2 总共花费的时间。据此可折算出小鼠每小时耗氧量(V)。	所费时间 _____ min。 小鼠每小时耗氧量 $V=$ _____。
3. 计算能量代谢率 (1)把耗氧量(V)校正为标准状态下的气体容量(V_0),公式:$V_0 = K \cdot V$(K 为标准状态气体换算系数,根据实验时气压和温度从附录四表中查得。 (2)假定小鼠所食为混合食物,呼吸商(RQ)为 0.82,相应的氧热价为 20.188 kJ/L (3)小鼠每小时产热量 $Q = V_0 \times 20.188$ kJ。 (3)小鼠体表面积(S)可从表 3 查到。体重 20 g 以下者可按 Rubmer 公式计算: $S(m^2) = 0.0913 \times W^{2/3}$($W$ 为体重,以 kg 为单位) (4)小鼠能量代谢率$= Q/S$ kJ/($m^2 \cdot$ h)。	根据查表可知 $K=$ _____。 $V_0 = K \cdot V =$ _____。 小鼠每小时产热量 $Q = V_0 \times 20.188$ kJ $=$ _____,$S(m^2) = 0.0913 \times W^{2/3} =$ _____,能量代谢率$= Q/S$ kJ/($m^2 \cdot$ h)$=$ _____。

表 24-1 为小鼠体重与体表面积的关系。

表 24-1 小鼠体重与体表面积的关系

体重/g	体表面积/m^2	体重/g	体表面积/m^2
20	0.006 7	26	0.008 0
21	0.006 9	27	0.008 2

续表 24-1

体重/g	体表面积/m²	体重/g	体表面积/m²
22	0.007 2	28	0.008 4
23	0.007 4	29	0.008 6
24	0.007 6	30	0.008 8
25	0.007 8		

五、思考题

1. 能量代谢主要受哪些因素的影响？

2. 能量代谢率为什么以单位体表面积而不以体重为计算标准？

3. 间接测定能量代谢的原理是什么？

六、注意事项

1. 整个管道系统必须严格密闭，防止漏气。
2. 保持动物安静，最好给动物避光。
3. 测量期间，不要用手接触管道和广口瓶，以免影响实验结果。
4. 钠石灰要新鲜干燥。

【背景知识】

机体的能量代谢率是指单位时间所消耗的能量。要直接测定糖、脂肪和蛋白质在体内氧化时释放的能量是很难的。但根据能量守恒定律，机体消耗的能量应该等于产生的热能和所做的外功之和。若机体在某一段时间内避免做外功，那么所消耗的能量就等于单位时间内产生的热能。由于人的体温是恒定的，因此单位时间的产热量应该等于向外界散发的总热量，所以测定机体在一定时间内散发的总热量,便可知道机体的能量代谢率。

　　机体在一定时间内的产热量一般是以间接测热法推算出来的。我们知道,每一种食物在氧化过程中消耗的氧量,产生的 CO_2 量及热量之间均有一定的比例,例如 1 mol 的葡萄糖氧化时消耗 6 mol O_2,产生 6 mol CO_2 和一定的热量。我们将某种食物氧化时消耗 1 L O_2 所产生的热量称为该食物的氧热价,而将产生的 CO_2 量与耗 O_2 量的比值称为该物质的呼吸商。

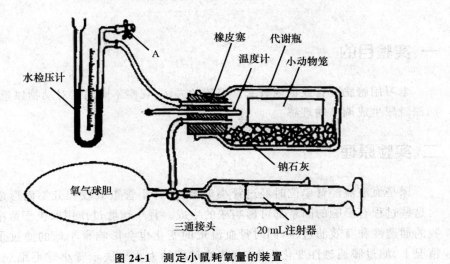

图 24-1　测定小鼠耗氧量的装置

实验二十五　影响尿液生成的因素

一、实验目的

学习用膀胱套管或输尿管套管引流的方法,观察不同因素对动物尿量的影响,加深对尿生成调节的理解。

二、实验原理

尿是血液流经肾单位时经过肾小球滤过、肾小管重吸收和分泌而形成的。凡对这些过程有影响的因素都可影响尿的生成。肾小球滤过作用取决于肾小球滤过膜的通透性和有效滤过压,同时肾血流量的变化也会影响肾小球的滤过量。正常情况下,滤过膜通透性变化不大,有效滤过压的大小取决于肾小球毛细血管血压、血浆胶体渗透压和肾小囊内压。影响肾小管重吸收作用主要是管内渗透压和肾小管上皮细胞的重吸收能力,后者又为多种激素所调节。

三、实验材料

1. 实验对象　家兔。
2. 实验试剂　40％ 酒精生理盐水合剂或 20％ 氨基甲酸乙酯、38℃ 生理盐水、20％ 葡萄糖溶液、班氏试剂、1∶10 000 去甲肾上腺素、垂体后叶激素、10％ 尿素。
3. 仪器与器材　RM6240 或 BL-420 生物信号采集处理系统、记滴器、恒温浴槽、哺乳动物手术器械一套、兔解剖台、膀胱导管(或输尿管导管)、注射器(1 mL、5 mL、20 mL)及针头、烧杯、试管架及试管、酒精灯等。

四、实验步骤与记录

实验步骤	实验记录
1. 实验前手术准备。	兔子重＿＿＿＿＿kg。
(1)动物称重:右手抓住兔颈背部皮肤,左手托住兔子臀部,将兔抱于胸前放入台秤进行称重。	麻醉剂名称＿＿＿＿＿。 麻醉剂用量＿＿＿＿＿mL。
(2)动物麻醉:通过耳缘静脉注射40%酒精生理盐水合剂(7～8 mL/kg 体重)或 20% 的氨基甲酸乙酯溶液(5 mL/kg B. W.)进行麻醉,经远离耳根部位的耳缘静脉缓慢注射,麻醉家兔。麻醉后,将家兔仰卧固定于兔解剖台上,四肢和门牙用绳子固定。	麻醉后动物表现:
(3)尿液的收集可选用膀胱套管法或输尿管插管法。	尿液收集的方法:
①膀胱套管安装:剪去下腹部手术部位的兔毛,剪下的兔毛应及时放入盛水的杯中浸湿,以免到处飞扬。自耻骨联合上缘向上沿正中线作 4 cm 长皮肤切口,沿腹白线剪开腹壁及腹膜(勿伤腹腔脏器),找到膀胱,将膀胱向尾侧翻至体外(勿使肠管外露,以免血压下降)。于膀胱底部找出两侧输尿管,认清两侧输尿管在膀胱开口的部位。小心地从两侧输尿管下方穿一丝线。将膀胱上翻,结扎膀胱底部(即尿道口部位)。然后,在膀胱顶部血管较少处作一荷包缝合,再在其中央剪一小口,插入膀胱套管,收紧缝线、结扎固定。膀胱套管的喇叭口应对着输尿管开口处并紧贴膀胱壁。膀胱套管的另一端通过橡皮导管和直管连接至记滴器,并在它们中间充满生理盐水(图25-1)。	手术过程记录: 突发事件: 处理措施:
②输尿管插管安装:沿膀胱找到并分离两侧输尿管,在靠近膀胱处穿线将它结扎;再在此结扎前约2 cm 的近肾端穿一根线,在管壁剪一斜向肾侧的小切口,插入充满生理盐水的细塑料导尿管并用线扎住固定(注意:塑料管插入输尿管管腔内,不要插入管壁肌层与黏膜之间,插管方向应与输尿管方向一致,勿使输尿管扭曲,避免尿液流出不畅),此时可看到有尿液滴出。再插入另一侧输尿导管。将两插管并在一起连至记滴器(图 25-1)。	手术过程记录: 突发事件: 处理措施:

续表

实验步骤	实验记录
手术完毕后用 38℃ 左右的生理盐水纱布在腹部切口处遮盖,以保持腹腔内温度并避免体内水分的过度流失。将细塑料管引至兔解剖台边缘,使尿液直接滴在记滴器的金属电极上。	手术的结果:
2. 仪器连接。 RM6240 或 BL-420 生物信号采集处理系统:将尿滴记录线接在记滴器上,通过计滴器与系统的 4 通道联结,描记尿的滴数。刺激电极与系统的刺激输出相连。启动计算机,打开 RM6240 或 BL-420 主机电源,在桌面上单击 RM6240 或 BL-420 图标,进入 RM6240 或 BL-420 应用程序窗口。选择实验项目中影响尿液生成因素的实验。点击菜单中"示波"按钮,调整图形,然后点击"记录"按钮开始进行实验。实验中,每次注射药物时,可选择"标记"按钮中药物名称单击加注,采样结束后,进行数据统计和分析。	仪器使用过程中存在的问题: 仪器故障原因: 解决办法:
3. 实验项目。 (1)记录正常情况下每分钟尿分泌的滴数,连续记录 5 min,求出平均数。	1 min_____滴;2 min_____滴 3 min_____滴;4 min_____滴 5 min_____滴。
(2)经耳缘静脉注射 38℃ 生理盐水 20 mL,观察尿量的变化。	1 min_____滴;2 min_____滴 3 min_____滴;4 min_____滴 5 min_____滴。
(3)然后经耳缘静脉注射 38℃ 20% 葡萄糖溶液 5 mL,观察尿量的变化。	1 min_____滴;2 min_____滴 3 min_____滴;4 min_____滴 5 min_____滴。
(4)尿糖定性试验。在试管内盛 1 mL 班氏试剂,加尿液 2 滴,将试管放在水浴中加热,冷却后观察溶液和沉淀物的颜色。	溶液和沉淀物的颜色:
(5)经耳缘静脉注射去甲肾上腺素(1:10 000)0.5 mL,观察尿量的变化。	1 min_____滴;2 min_____滴 3 min_____滴;4 min_____滴 5 min_____滴。
(6)经耳缘静脉注射 10% 尿素 5 mL,观察尿量的变化。	1 min_____滴;2 min_____滴 3 min_____滴;4 min_____滴 5 min_____滴。
(7)经耳缘静脉注射垂体后叶素 1~2 U(0.2 mL),观察尿量的变化。	1 min_____滴;2 min_____滴 3 min_____滴;4 min_____滴 5 min_____滴。

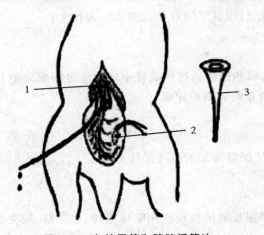

图 25-1　兔输尿管和膀胱插管法
1. 输尿管　2. 插膀胱导管部位　3. 膀胱插管

五、结果与分析

实验项目	结果分析
1. 正常情况下每分钟分泌的尿滴数。	平均＿＿＿滴/min；
2. 耳缘静脉注射 38℃ 生理盐水 20 mL 后尿量的变化。	平均＿＿＿滴/min,原因：
3. 耳缘静脉注射 38℃ 20％ 葡萄糖溶液 5 mL 后尿量的变化。	平均＿＿＿滴/min,原因：
4. 尿糖定性试验中溶液和沉淀物的颜色。	结果：
5. 经耳缘静脉注射去甲肾上腺素(1:10 000)0.5 mL 后尿量的变化。	平均＿＿＿滴/min,原因：
6. 耳缘静脉注射 10％ 尿素 5 mL 引起尿量的变化。	平均＿＿＿滴/min,原因：
7. 耳缘静脉注射垂体后叶素 1～2 U(0.2 mL)后尿量的变化。	平均＿＿＿滴/min,原因：

六、思考题

1. 从耳缘静脉注射 5 mL 10％ 尿素和注射 20％ 葡萄糖溶液,对尿量影响是否相同? 作用机理是否相同?

2. 血压的高低与尿量之间有什么关系？为什么？

3. 本实验中,哪些因素通过影响肾小球的滤过影响尿量？哪些因素通过影响肾小管和集合管的重吸收影响尿量？

4. 大量饮水使尿量增加的机理是什么？

5. 试着利用排尿反射的机理推测临床尿频、尿潴留、尿失禁的原因。

七、注意事项

1. 选择体重在 2.5～3.0 kg 的家兔。

2. 家兔固定时,下腹部必须放正拉直,以利于手术。注射麻醉剂时应密切观察家兔的呼吸、心跳、肌张力和角膜反射等,实验前给兔多喂菜叶,或用橡皮导尿管向兔胃内灌入 40～50 mL 清水,以防麻醉过深而死亡。手术动作要轻,腹部切口不宜过大,以免造成损伤性闭尿。剪开腹壁避免伤及内脏。

3. 实验中需多次进行静脉注射,应注意保护兔的耳缘静脉,注射时应从远离耳根部位开始。亦可在实验开始前,从耳缘静脉进行静脉滴注,以后每次注射药物可从静脉滴注管注入。

4. 输尿管插管时,注意不要插入黏膜层,避免反复插管而损伤黏膜面造成出血,以致血液凝固堵塞输尿管。插管要妥善固定,不能扭曲,应顺着输尿管走向,以免引流不畅。

5. 尿糖定性实验中,加热煮沸过程中应不断振荡,防止液体溢出管外。

6. 实验顺序的安排是:在尿量增加的基础上进行减少尿生成的实验项目,在尿量少的基础上进行促进尿生成的实验项目。一项实验需在上一项实验作用消失,尿量基本恢复正常水平时再开始。

【背景知识】

尿的生成过程

尿生成是在肾单位和集合管中进行的,包括 3 个环节:①肾小球的滤过作用;②肾小管与集合管的重吸收;③肾小管与集合管的分泌作用。下面分别介绍这 3 个环节。

一、肾小球的滤过作用

血液流过肾小球毛细血管时,血浆中一部分水、电解质和小分子有机物(包括少量分子量较小的血浆蛋白)都可通过滤过膜进入肾小囊内,这种液体称为滤液或原尿。血细胞和血浆中大分子物质(如蛋白质等)不能滤过,仍保留在血液中。影响肾小球滤过的主要因素有滤过膜的通透性和滤过面积、有效滤过压和肾血浆流量。

1. 滤过膜的通透性和滤过面积

滤过膜上有许多裂隙,形成大小不等的小孔,滤过膜的通透性就是以物质分子量大小是否能通过小孔来决定的。由于血浆中小分子的葡萄糖、尿素、尿酸、肌酐和各种离子等物质都可以滤过,因此,滤液中这些物质的浓度都与血浆内的浓度近似。大分子物质如白蛋白(分子量为 6.9 万)极少滤过。分子量超过 7 万的物质如球蛋白、纤维蛋白等不能滤过。一般以分子量 7 万为滤过膜通透性的界限。血红蛋白(Hb)的分子量虽为 6.4 万,但它和血浆中的结合珠蛋白相结合,成为分子量较大的复合物,所以也不能滤过。只有当 Hb 大量被破坏,产生溶血,Hb 浓度超过结合珠蛋白所能结合的量时,未结合的 Hb 才能进到滤液中,从尿中排出,这种尿液称为血红蛋白尿或血尿。一般情况下,肾小球滤过膜的通透性是比较稳定的。

2. 有效滤过压

①肾小球毛细血管压是推动血浆通过滤过膜的主要力量,用微穿刺法直接测得鼠的肾小球毛细血管压平均为 45 mmHg。②肾小囊内压是阻止血浆滤过的力量,平均为 10 mmHg。③肾小球毛细血管内血浆胶体渗透压是阻止血浆滤过的主要力量,在入球端约为 20 mmHg,随着水分滤出,胶体渗透压不断上升,在出球端约为 35 mmHg。

有效滤过压＝肾小球毛细血管压－(血浆胶体渗透压＋肾小囊内压)

入球动脉端有效滤过压:45－(20＋10)＝15(mmHg)

出球动脉端有效滤过压:45－(35＋10)＝0(mmHg)

3. 肾血流量

肾脏在血压变动于 $80 \sim 180$ mmHg 范围内时,依靠其自身调节可使血流量保持稳定。正常人安静时两侧肾脏血流量每分钟为 1.2 L,每昼夜从肾小球滤过的血浆总量可达 $170 \sim 180$ L,约为体重的 3 倍。

二、肾小管的重吸收作用

重吸收作用是指滤液(原尿)流经肾小管与集合管内时,其中水和某些溶质全部或部分地透过肾小管与集合管上皮细胞,重新回到肾小管与集合管周围毛细血管血液中去的过程。

重吸收方式有两种:被动重吸收和主动重吸收。①被动重吸收是指滤液中的溶质通过肾小管上皮细胞时,顺着浓度差和电位差(二者结合起来称为电化学差,即电化学梯度)引起被动扩散(或弥散),将溶质扩散到小管外的血液中的过程。②主动重吸收是指肾小管上皮细胞能逆着浓度差,将滤液中的溶质转运到血液内的过程。

三、肾小管与集合管的分泌作用

分泌作用是指肾小管与集合管上皮细胞将自身新陈代谢的产物(如 H^+、NH_3 等)分泌到小管液中的过程。

班氏试剂和斐林试剂

斐林试剂和班氏试剂都是检验还原性糖的试剂,二者的配方、反应原理、保存方式及使用方法也有区别。

1. 配方

班氏试剂:①400 mL 水中加 85 g 柠檬钠和 50 g 无水碳酸钠;②50 mL 加热的水中加入 8.5 g 无水硫酸铜,制成 $CuSO_4$ 溶液;③把 $CuSO_4$ 溶液倒入柠檬酸钠和碳酸钠溶液中,边加边搅拌,如产生沉淀可滤去。

斐林试剂:斐林试剂甲为 NaOH 溶液,浓度为 0.1 g/mL;斐林试剂乙为 $CuSO_4$ 溶液,浓度为 0.05 g/mL。

2. 反应原理

班氏试剂:柠檬酸钠和碳酸钠均为强碱弱酸盐,在水中它们均可水解产生 OH^-,与柠檬酸钠-碳酸钠溶液和 $CuSO_4$ 溶液混合时,Cu^{2+} 和 OH^- 结合,生成 $Cu(OH)_2$,$Cu(OH)_2$ 与葡萄糖中的醛基反应生成砖红色沉淀。

斐林试剂:斐林试剂甲和斐林试剂乙直接反应生成 $Cu(OH)_2$, $Cu(OH)_2$ 和可溶性还原糖反应产生砖红色沉淀。

3. 保存方式

班氏试剂的配方中,柠檬酸钠-碳酸钠为一对缓冲物质,产生的 OH^- 数量有限,与 $CuSO_4$ 溶液混合后产生的浓度相对较低,不易析出,可长期保存。

斐林试剂甲和斐林试剂乙可强烈产生 $Cu(OH)_2$, $Cu(OH)_2$ 很容易沉淀析出,一般为现用现配。

4. 使用方法

班氏试剂:试管中加入尿液 0.1 mL,班氏糖定性试剂 1 mL,混合均匀后,将试管放入盛有开水的烧杯中,加热煮沸 $1\sim2$ min,若试管中溶液在加热后产生了砖红色沉淀,说明尿液中含有糖。

斐林试剂:取少许尿液加水稀释后,加入刚配好的斐林试剂,沸水浴加热后,若出现砖红色沉淀,说明尿液中含有糖。

无论用班氏试剂还是斐林试剂,归根结底都是 $Cu(OH)_2$ 与醛基在沸水浴加热条件下反应而生成砖红色的 Cu_2O 沉淀,两者反应现象一样,这就是二者的相同之处。

班氏试剂常用于尿糖的鉴定。判定标准:若尿液仍呈蓝色为阴性(—);若为绿色无沉淀是微量(+);若呈黄绿色且浑浊为(+);若呈黄色为(++);若呈橘红色则是(+++);呈砖红色为(++++)。

实验二十六　脊髓反射的基本特征和反射弧分析

一、实验目的

通过对脊蛙的屈肌反射的分析,探讨反射弧的完整性与反射活动的关系;学习掌握反射时的测定方法,了解刺激强度和反射时的关系;以蛙的屈肌反射为指标,观察脊髓反射中枢活动的某些基本特征,并分析它们产生可能的神经机制。

二、实验原理

在中枢神经系统的参与下,机体对刺激所产生的反应过程称为反射。较复杂的反射需要由中枢神经系统较高级的部位整合才能完成,较简单的反射只需通过中枢神经系统较低级的部位就能完成。将动物的高位中枢切除,仅保留脊髓的动物称为脊动物。此时动物产生的各种反射活动为单纯的脊髓反射。由于脊髓已失去了高级中枢的正常调控,所以反射活动比较简单,便于观察和分析反射过程的某些特征。

反射活动的结构基础是反射弧。典型的反射弧由感受器、传入神经、神经中枢、传出神经和效应器五个部分组成。引起反射的首要条件是反射弧必须保持完整性。反射弧任何一个环节的解剖结构或生理完整性一旦受到破坏,反射活动就无法实现。

完成一个反射所需要的时间称为反射时。反射时除与刺激强度有关外,反射时的长短与反射弧在中枢交换神经元的多少及有无中枢抑制存在有关。由于中间神经元联结的方式不同,反射活动的范围和持续时间,反射形成难易程度都不一样。

三、实验材料

1. 实验对象　蟾蜍或牛蛙。
2. 实验试剂　硫酸溶液（0.1％、0.3％、0.5％、1％）。
3. 仪器与器材　蛙类手术器械、铁支柱、玻璃平皿、烧杯（500 mL 或搪瓷杯）、小滤纸（约 1 cm×1 cm）、纱布、秒表、双输出刺激器、通用电极（两个）。

四、实验步骤与记录

实验步骤	实验记录
1. 标本制备。 取一只蟾蜍或牛蛙，用粗剪刀由两侧口裂剪去上方头颅，制成脊蟾蜍或牛蛙。将动物俯卧位固定在蛙板上，于右侧大腿背部纵行剪开皮肤，在股二头肌和半膜肌之间的沟内找到坐骨神经干，在神经干下穿一条细线备用。将脊蟾蜍或牛蛙悬挂在铁支柱上。	脊蟾蜍或牛蛙的表现： 标本制备记录：
2. 实验项目。 (1)脊髓反射的基本特征： ①骚扒反射：将浸有 1％ 硫酸溶液的小滤纸片贴在蟾蜍或牛蛙的下腹部。之后将蟾蜍或牛蛙浸入盛有清水的大烧杯中，洗掉硫酸滤纸片。 ②反射时的测定：在平皿内盛适量的 0.1％ 硫酸溶液，将蟾蜍或牛蛙一侧后肢的一个脚趾浸入硫酸溶液中，同时按动秒表开始记录时间，当屈肌反射一出现立刻停止计时，并立即将该足趾浸入大烧杯水中浸洗数次，然后用纱布擦干。重复 3 次，注意每次浸入趾尖的深度要一致，相邻两次实验间隔至少要 2～3 s。 ③按上述方法依次测定 0.3％、0.5％、1％ 硫酸刺激所引起的屈肌反射的反射时。比较 4 种浓度的硫酸所测得的反射时是否相同。	四肢的表现： 第 1 次：_____ s；间隔：_____ s； 第 2 次：_____ s；间隔：_____ s； 第 3 次：_____ s； 平均：_____ s。 0.3％ 硫酸：第 1 次：_____ s； 间隔：_____ s； 第 2 次：_____ s；间隔：_____ s； 第 3 次：_____ s； 平均：_____ s。 0.5％ 硫酸：第 1 次：_____ s；

续表

实验步骤	实验记录
	间隔:____s; 第 2 次:____s;间隔:____s; 第 3 次:____s; 平均:____s。 1% 硫酸:第 1 次:____s; 间隔:____s; 第 2 次:____s;间隔:____s; 第 3 次:____s; 平均:____s。
④反射阈刺激的测定:用单个电脉冲刺激一侧后足背皮肤,由大到小调节刺激强度,测定引起屈肌反射的阈刺激。	阈刺激强度:
⑤反射的扩散和持续时间(后放):将一个电极放在蟾蜍或牛蛙的足面皮肤上,先给予弱的连续阈上刺激观察发生的反应,然后依次增加刺激强度,观察每次增加刺激强度所引起的反应范围,观察反应持续时间。	弱的连续阈上刺激发生的反应: 增加刺激强度所引起的反应范围变化结果: 反应持续时间:
⑥时间总和的测定:用单个略低于阈强度的阈下刺激,重复刺激足背皮肤,由大到小调节刺激的时间间隔(即依次增加刺激频率),直至出现屈肌反射。	弱刺激和强刺激的结果比较: 间隔时间: 结果:
⑦空间总和的测定:用两个略低于阈强度的阈下刺激,同时刺激后足背相邻两处皮肤(距离不超过 0.5 cm),是否出现屈肌反射。	距离: 左后肢反应: 右后肢反应:
(2)反射弧的分析。	
①分别将左右后肢趾尖浸入盛有 1% 硫酸的平皿内(深入的范围一致),观察双后肢反应。实验完后,将动物浸于盛有清水的烧杯内洗掉滤纸片和硫酸,用纱布擦干皮肤。	后肢反应:
②在左后肢趾关节上作一个环形皮肤切口,将切口以下的皮肤全部剥除(趾尖皮肤一定要剥除干净),再用 1% 硫酸溶液浸泡该趾尖,观察该侧后肢的反应。实验完后,将动物浸于盛有清水的烧杯内洗掉滤纸片和硫酸,用纱布擦干皮肤。	后肢反应:
③将浸有 1% 硫酸溶液的小滤纸片贴在蛙的左后肢的皮肤上。观察后肢反应。待出现反应后,将动物浸于盛有清水的烧杯内洗掉滤纸片和硫酸,用纱布擦干皮肤。	右后肢反应:

续表

实验步骤	实验记录
④提起穿在右侧坐骨神经下的细线,剪断坐骨神经,用连续阈上刺激,刺激右后肢趾,观察反应。	后肢反应:
⑤分别以连续刺激,刺激右侧坐骨神经的中枢端和外周端,观察该后肢的反应。	后肢反应:
⑥以探针捣毁蟾蜍的脊髓后再重复上步骤,观察反应。	

五、结果与分析

实验项目	结果与分析
1. 脊髓反射的基本特征:	
(1)骚扒反射	原因:
(2)0.1%、0.3%、0.5%、1% 硫酸刺激所引起的屈肌反射的反射时。	反射时是否相同: 原因:
(3)反射时间和空间总和特征	结果: 原因:
2. 反射弧的分析	
(1)分别将左右后肢趾尖浸入盛有 1% 硫酸的平皿内(深入的范围一致),观察双后肢反应。	原因:
(2)在左后肢趾关节上作一个环形皮肤切口,将切口以下的皮肤全部剥除(趾尖皮肤一定要剥除干净),再用 1% 硫酸溶液浸泡该趾尖,观察该侧后肢的反应。	原因:
(3)将浸有 1% 硫酸溶液的小滤纸片贴在蛙的左后肢的皮肤上。观察后肢反应。	原因:
(4)提起穿在右侧坐骨神经下的细线,剪断坐骨神经,用连续阈上刺激,刺激右后肢趾,观察反应。	原因:
(5)分别以连续刺激,刺激右侧坐骨神经的中枢端和外周端,观察该后肢的反应。	原因:
(6)以探针捣毁蟾蜍的脊髓后再重复上步骤,观察反应。	原因:

六、思考题

1. 何谓时间总和与空间总和? 分析产生后放现象的可能的神经回路。

2. 简述反射时与刺激强度之间的关系。右侧坐骨神经被剪断后,动物的反射活动发生了什么变化? 这是损伤了反射弧的哪一部分?

3. 剥去趾关节以下皮肤后,不再出现原有的反射活动,为什么? 在测反射时时,H_2SO_4 浓度与反射时长短有何关系?

七、注意事项

1. 制备脊蛙时,颅脑离断的部位要适当,太高因保留部分脑组织而可能出现自主活动,太低又可能影响反射的产生。

2. 用硫酸溶液或浸有硫酸的纸片处理蛙的皮肤后,应迅速用自来水清洗,以清除皮肤上残存的硫酸,并用纱布擦干,以保护皮肤并防止冲淡硫酸溶液。

3. 浸入硫酸溶液的部位应限于一个趾尖,每次浸泡范围也应一致,切勿浸入太多。

【背景知识】

脊　髓

脊髓是中枢神经的一部分,位于椎管内,呈圆柱形,前后稍偏,外包被膜,与脊柱的弯曲一致。脊髓的末端变细,称为脊髓圆柱,自脊髓圆柱向下延为细长的终丝,是无神经组织的细丛,在第二骶椎水平为硬脊膜包裹,向下止于尾骨的背面。临床上作腰椎穿刺或腰椎麻醉时,多在第3~4 或第4~5 腰椎之间进行,因为在此处穿刺不会损伤脊髓。脊髓的全长粗细不等,有两个膨大部,自颈髓第四节到胸髓第一节称颈膨大;自腰髓第二至骶髓第三节称腰膨大。

脊髓两旁发出许多成对的神经(称为脊神经)分布到全身皮肤、肌肉和内脏器官。脊髓是周围神经与脑之间的通路,也是许多简单反射活动的低级中枢。脊髓的表面有前后(背腹)两条正中纵沟将脊髓分为对称的两半。前面(腹面)的前正中沟较深,后面(背面)的后正中沟较浅。此外还有两对外侧沟,即前(腹)外侧沟和后

(背)外侧沟。前(腹)根自前(腹)外侧沟走出,由运动神经纤维组成;后(背)根经后外侧沟进入脊髓,由脊神经节感觉神经元的中枢突所组成。每条后(背)根在与前根会合前,有膨大的脊神经节。腰、骶、尾部的前后(背腹)根在通过相应的椎间孔之前,围绕终丝在椎管内向下行走一段较长距离,它们共同形成马尾。在成人(男性)一般第一腰椎以下已无脊髓,只有马尾。

脊髓的横切面(图 26-1)有位于中央部的灰质和位于周围部的白质;脊髓的颈部,灰质和白质都很发达。灰质,呈蝴蝶形或"H"状,其中心有中央管,中央管前后的横条灰质称灰连合,将左右两半灰质连在一起。灰质的每一半由前(腹)角和后(背)角组成。前(腹)角内含有大型运动细胞,其轴突贯穿白质,经前(腹)外侧沟走出脊髓,组成前(腹)根。后(背)角内的感觉细胞,有痛觉和温度觉的第二级神经元细胞,并在后(背)角底部有小脑本体感觉径路的第二级神经元细胞体(背核)。灰质周缘部和其联合细胞以其附近含有纤维的白质构成所谓的脊髓的固有基束,贯穿于脊髓的各节段,并在相当程度上保证完成各种复杂的脊髓反射性活动。脊髓的白质主要由上行(感觉)和下行(运动)有髓鞘神经纤维组成,分为前索、侧索和后索 3 部分。前索位于前(腹)外侧沟的内侧,主要为下行纤维束,如皮质脊髓(锥体)前束、顶盖脊髓束(视听反射)、内侧纵束(联络眼肌诸神经核和项肌神经核以达成肌肉共济活动)和前庭脊髓束(参与身体平衡反射)。侧索位于脊髓的侧方前(腹)外侧沟和后(背)侧沟之间,有上行和下行传导束。上行传导束有脊髓丘脑束(痛觉、温度觉和粗的触觉纤维所组成)和脊髓小脑束(本体感受性冲动和无意识性协调运动)。下行传导束有皮质脊髓侧束亦称锥体束(随意运动)和红核脊髓束(姿势调节)。后(背)索位于后外侧沟的内侧,主要为上行传导束(本体感觉和一部分精细触觉)。颈部脊髓的后索分为内侧的薄束和外侧的楔束。

脊髓是神经系统的重要组成部分,其活动受脑的控制。来自四肢和躯干的各种感觉冲动,通过脊髓的上行纤维束,包括传导浅感觉,即传导面部以外的痛觉、温度觉和粗触觉的脊髓丘脑束,传导本体感觉和精细触觉的薄束和楔束等,以及脊髓小脑束的小脑本体感觉径路。这些传导路径将各种感觉冲动传达到脑,进行高级综合分析;脑的活动通过脊髓的下行纤维束,包括执行传导随意运动的皮质脊髓束以及调整锥体系统的活动并调整肌张力、协调肌肉活动、维持姿势和习惯性动作,使动作协调、准确、免除震动和不必要附带动作的锥体外系统,通过锥体系统和锥体外系统,调整脊髓神经元的活动。脊髓本身能完成许多反射活动,但也受脑活动的影响。

脊髓发生急性横断损伤时,病灶节段水平以下呈现弛缓性瘫痪、感觉消失和肌张力消失,不能维持正常体温,大便滞留,膀胱不能排空以及血压下降等,总称为脊髓休克。损伤一至数周后，脊髓反射始见恢复，如肌力增强和深反射亢进，对皮肤的损害性刺激可出现有保护性屈反射。数月后，比较复杂的肌反射逐渐恢复，内脏反射活动，如血压上升、发汗、排便和排尿反射也能部分恢复。膀胱功能障碍一般分为 3 个阶段，脊髓横断后，由于膀胱逼尿肌瘫痪而使膀胱括约肌痉挛，出现尿潴留；2～3 周以后，由于逼尿肌日益肥厚，膀胱内压胜过外括约肌的阻力，出现溢出性尿失禁；到第三阶段可能因腹壁肌挛缩，增加膀胱外压而出现自动排尿。脊髓半侧切断综合征表现为病灶水平以下，同侧以上运动神经元麻痹，关节肌肉的振动觉缺失，对侧痛觉和温度觉消失；在病灶侧与病灶节段相当，有节段性下运动神经元麻痹和感觉障碍。

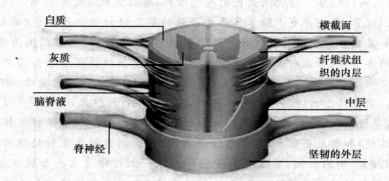

图 26-1　脊髓横断面

实验二十七 大脑皮层运动机能定位和去大脑僵直

一、实验目的

通过电刺激兔大脑皮层不同区域,观察相关肌肉收缩的活动,了解皮层运动区与肌肉运动的定位关系及其特点。观察去大脑僵直现象,证明中枢神经系统有关部位对肌紧张有调控作用。

二、实验原理

大脑皮层运动区是躯体运动的高级中枢。皮层运动区对肌肉运动的支配呈有序的排列状态,且随动物的进化逐渐精细,鼠和兔的大脑皮层运动区机能定位已具有一定的雏形。电刺激大脑皮层运动区的不同部位,能引起特定的肌肉或肌群的收缩运动。中枢神经系统对肌紧张具有易化和抑制作用。机体通过二者的相互作用保持骨骼肌适当的紧张度,以维持机体的正常姿势。这两种作用的协调需要中枢神经系统保持完整性。如果在动物的中脑前(上)、后(下)丘之间切断脑干,由于切断了大脑皮层运动区和纹状体等部位与网状结构的功能联系,造成抑制区的活动减弱而易化区的活动相对地加强,动物出现四肢伸直,头尾昂起,脊背挺直等伸肌紧张亢进的特殊姿势,称为去大脑僵直。

三、实验材料

1. 实验对象　兔。
2. 实验试剂　40%酒精生理盐水合剂或20%氨基甲酸乙酯、生理盐水、液体石蜡。
3. 仪器与器材　电子刺激器、刺激电极、哺乳类动物手术器械、颅骨钻、咬骨钳、骨蜡(或明胶海绵)、纱布、棉球等。

四、实验步骤与记录

实验步骤	实验记录
1. 实验准备。 (1)将兔称重,耳外缘静脉注射 40% 酒精生理盐水合剂 (7~8 mL/kg 体重)或 20% 氨基甲酸乙酯(5 mL/kg 体重)(麻醉不宜过深,也可用 2% 普鲁卡因 2~5 mL 沿颅顶正中线作局部麻醉)。待动物达到浅麻醉状态后,背位固定于兔手术台上。	兔重_____ kg。 麻醉剂名称_____。 麻醉剂用量_____ mL。 麻醉后动物表现:
(2)颈部剪毛,沿颈正中线切开皮肤,暴露气管,安置气管插管;找出两侧的颈总动脉,穿线备用。	描述气管和颈动脉位置及特征:
(3)翻转动物,改为腹位固定,剪去头顶部的毛,从眉间至枕部将头皮和骨膜纵行切开,用刀柄向两侧剥离肌肉和骨膜,用颅骨钻在冠状缝后,矢状缝外的骨板上钻孔。然后用咬骨钳扩大创口,暴露一侧大脑皮层,用注射针头或三角缝针挑起硬脑膜,小心剪去创口部位的硬脑膜,将 37℃ 的液体石蜡滴在脑组织表面,以防皮层干燥。术中要随时注意止血,防止伤及大脑皮层和矢状窦。若遇到颅骨出血,可用骨蜡或明胶海绵填塞止血。见图 27-1。	手术过程记录: 突发事件: 处理措施:
2. 实验项目。 (1)术毕解开动物固定绳,以便观察动物躯体的运动效应:打开刺激器,选择适宜的刺激参数(波宽 0.1~0.2 ms,频率 20~50 Hz,刺激强度 10~20 V,每次刺激时间 5~10 s。每次刺激间隔约 1 min)。用双芯电极接触皮层表面(或双电极,参考电极放在兔的背部,剪去此处的被毛,用少许生理盐水湿润,以便接触良好),逐点依次刺激大脑皮层运动区的不同部位,观察躯体运动反应。实验前预先画一张兔大脑半球背面观轮廓图,并将观察到的反应标记在图上。见图 27-2。	波宽:_____ ms; 频率:_____ Hz; 刺激强度:____ V; 刺激时间:_____ s; 刺激间隔:_____ min。 电极安放位置:
(2)去大脑僵直:用小咬骨钳将所开的颅骨创口向外扩展至枕骨结节,暴露出双侧大脑半球后缘。结扎两侧的颈总动脉。左手将动物头托起,右手用刀柄从大脑半球后缘轻轻翻开枕叶,即可见到中脑前(上)、后(下)丘部分(前粗大,后丘小),在前、后丘之间略向倾斜,对准兔的口角的方位插入,向左右拨动,彻底切断脑干。使兔侧卧,10 min 后观察。见图 27-3。	手术过程记录: 突发事件: 处理措施: 兔子表现:

五、结果与分析

实验项目	结果与分析
1. 逐点依次刺激大脑皮层运动区的不同部位,观察躯体运动反应。	画图表示躯体运动反应与刺激位置的关系: 原因:
2. 去大脑僵直。	结果: 原因:

六、思考题

1. 为什么电极刺激大脑皮层引起肢体运动往往是左右交叉反应?

2. 叙述去大脑僵直的产生机理。

七、注意事项

1. 麻醉不宜过深。

2. 开颅术中应随时止血,注意勿伤及大脑皮层。

3. 使用双极电极时,为防止电极对皮层的机械损伤,刺激电极尖端应烧成球形。

4. 刺激大脑皮层时,刺激不宜过强,刺激的强度应从小到大进行调节,否则影响实验结果,每次刺激应持续 5～10 s。

5. 切断部位要准确,过低会伤及延髓呼吸中枢,导致呼吸停止。

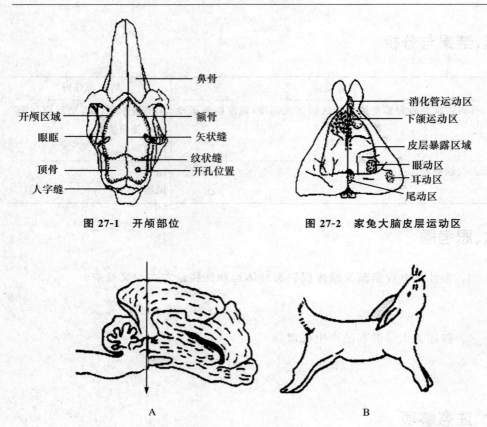

图 27-1　开颅部位

图 27-2　家兔大脑皮层运动区

图 27-3　去大脑僵直实验

A. 脑干切断线　B. 兔去大脑僵直现象

【背景知识】

大脑皮层

　　哺乳动物出现了高度发达的大脑皮层,并随着神经系统的进化而进化。新发展起来的大脑皮层在调节机能上起着主要作用;而皮层下各级脑部及脊髓虽也有发展,但在机能上已从属于大脑皮层。高等动物一旦失去大脑皮层,就不能维持其正常的生命活动。皮层的神经元之间联系十分广泛和复杂,在皮层的不同部位,各层的厚薄、各种神经细胞的分布和纤维的疏密都有差异。根据皮层的不同特点和功能,可将皮层分为若干区。机体的各种功能在皮层具有定位关系,如运动区、感觉区等。但这仅是相对的,这些中枢也分散有类似的功能。如中央前回(四区)主要管理全身骨骼肌运动,称运动区,但中央前回也接受部分的感觉冲动。中央后回主管全身体躯感觉,但刺激该区也可产生少量运动。皮层除一些特定功能的中枢外,人类皮层大部分区域称联合区。临床实验证明,某一中枢的损伤,并不使人永久性完全丧失该中枢所管理的功能,经过适当的治疗和功能锻炼,常可由其他区域的代偿而使该功能得到一定程度的恢复。

大脑皮层运动区有下列功能特征:①对躯体运动的调节支配具有交叉的性质,即一侧皮层主要支配对侧躯体的肌肉。这种交叉性质不是绝对的,例如头面部肌肉的支配多数是双侧性的,像咀嚼运动、喉运动及脸上运动的肌肉的支配是双侧性的;然而面神经支配的下部面肌及舌下神经支配的舌肌却主要受对侧皮层控制。因此,在一侧内囊损伤后,产生所谓上运动神经元麻痹时,头面部多数肌肉并不完全麻痹,但对侧下部面肌及舌肌发生麻痹。②具有精细的功能定位,即一定部位皮层的刺激引起一定肌肉的收缩。功能代表区的大小与运动的精细复杂程度有关;运动愈精细而复杂的肌肉,其代表区也愈大,手与五指所占的区域几乎与整个下肢所占的区域大小相等。③从运动区的上下分布来看,其定位安排呈身体的倒影;下肢代表区在顶部(膝关节以下肌肉代表区在皮层内侧面),上肢代表区在中间部,头面部肌肉代表区在底部(头面部代表区内部的安排仍为正立而不倒置)。从运动区的前后分布来看,躯干和肢体近端肌肉的代表区在前部(6区),肢体远端肌肉的代表区在后部(4区),手指、足趾、唇和舌的肌肉代表区在中央沟前缘,见图27-4。

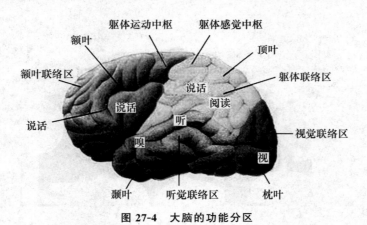

图 27-4　大脑的功能分区

"非开颅法"去大脑僵直的实验方法

家兔麻醉、皮肤切开同开颅法。暴露人字缝、矢状缝和冠状缝,在人字缝与冠状缝连线(即矢状缝)的前2/3和后1/3交界处向左或向右旁开5 mm(图27-5)为穿刺点。用探针Z在穿刺点上钻一小孔,在颅顶呈现水平状态时,用7号注射针头自小孔垂直插入颅底并左右划动,完全横断脑干(图27-3),数分钟后,可见动物四肢慢慢伸直,头后仰,尾上翘,呈角弓反张状态。如效果不明显,可将针略向前倾斜,再次重复横断脑干动作,即可出现去大脑僵直现象。

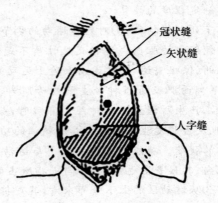

冠状缝
矢状缝
人字缝

图 27-5　颅顶手术区
黑点表示钻开颅骨的部位

实验二十八　胰岛素和肾上腺素对血糖的调节

一、实验目的

掌握胰岛素和肾上腺素对血糖水平的调节作用,了解血糖水平调节机制和血糖测定的原理及方法,熟练掌握血滤液的制备,了解血液抗凝的方法。

二、实验原理

人和动物体内,血糖浓度受各种激素调节而维持恒定。胰岛素能降低血糖;其他很多激素则具有升高血糖的作用,其中以肾上腺素作用较为迅速而明显。血糖升高时刺激胰岛 A 细胞释放胰岛素,胰岛素促进肝脏和肌肉将葡萄糖合成糖原,又加强糖的氧化利用,故能降低血糖;当血糖含量低到一定程度时,刺激胰岛 B 细胞使胰高血糖素逐渐升高,促使肝糖原转化为血糖,促进非糖物质转化为血糖;肾上腺素是在血糖降低时,由神经调节发挥作用的,促进糖原分解而增高血糖。本实验给两只家兔分别注射胰岛素或肾上腺素,取注射前、后兔的静脉血,测定血糖含量,观察注射前后血糖浓度变化,从而了解胰岛素和肾上腺素对血糖浓度的影响。

三、实验材料

1. 实验对象　家兔。
2. 实验试剂　草酸盐抗凝剂、25% 葡萄糖、肾上腺素 1 mg/mL、胰岛素。
3. 仪器与器材　台秤、酒精棉球、粗针头或刀片、721 分光光度计。

四、实验步骤与记录

实验步骤	实验记录
1. 动物准备:取正常家兔两只,实验前预先饥饿 16 h,体重一般为 2～3 kg。	兔重_____kg。
2. 注射激素前取血:一般多从耳缘静脉取血,剪去耳毛,用酒精棉球擦拭兔耳,使其血管充血,再用粗针头或刀片刺破静脉放血,将血液收入抗凝管中边收集边混匀,以防凝固。用酒精棉球压迫血管止血。将两只兔的血液分别制成无蛋白血滤液。采用葡萄糖氧化酶-过氧化物酶法时,则将静脉血收集于干净试管中,静置至血清析出。取血完毕,用酒精棉球压迫血管止血。	采血部位: 抗凝剂: 采血的体会: 无蛋白血滤液的制备:
3. 注射激素:一只兔子皮下注射剂量为 0.75 U/kg B.W. 的胰岛素,记录注射时间;另一只兔子皮下注射剂量为 0.4 mg/kg 体重的肾上腺素,记录注射时间。	胰岛素_____U,注射时间: 肾上腺素____mg,注射时间:
4. 注射激素后取血:方法同注射激素前取血。肾上腺素注射后 30 min 取血制成无蛋白血滤液;胰岛素注射后 1 h 取血制成无蛋白血滤液。	胰岛素组 采血时间:　采血量: 肾上腺素组 采血时间:　采血量:
5. 测定血糖:用邻甲苯法测定各血样的糖含量。	邻甲苯法测定血糖的原理: 胰岛素组血糖值: 肾上腺素组血糖值:

五、结果与分析

实验项目	结果与分析
1. 给兔子注射胰岛素前后血糖的变化	血糖变化: 原因:
2. 给兔子注射肾上腺素前后血糖的变化	血糖变化: 原因:

六、思考题

1. 升高血糖和降低血糖的激素各有哪些?

2. 为何应激时血糖水平会升高?

3. 溶血对血糖值有什么影响?

七、注意事项

1. 血液收集到抗凝管中时,应注意边收集边摇匀。
2. 不要剧烈震荡血液,防止溶血。
3. 注射胰岛素并取血后,立即腹腔或皮下注射 25% 葡萄糖 10 mL,以免家兔发生胰岛素性休克而死亡。

【背景知识】

血糖的测定方法

血液中所含的葡萄糖,称为血糖,它是糖在体内的运输形式。目前国内医院多采用葡萄糖氧化酶法和邻甲苯胺法测定血糖。前者特异性强、价廉、方法简单,后者由于血中绝大部分非糖物质及抗凝剂中的氧化物同时被沉淀下来,因而不易出现假性过高或过低,结果较可靠。葡萄糖氧化酶法测定血糖的原理是葡萄糖在葡萄糖氧化酶的作用下产生葡萄糖酸和过氧化氢,过氧化氢在过氧化物酶的作用下使邻联甲苯胺生成蓝色物质,此有色物质在 625 nm 波长下与葡萄糖浓度成正比。通过测定蓝色物质的吸光度可计算样品中葡萄糖的含量。邻甲苯胺法测定血糖的原理是葡萄糖在酸性介质中加热脱水反应生成 5-羟甲基-2-呋喃甲醛,分子中的醛基与邻甲苯胺缩合成青色的薛夫氏碱,通过比色可以定量。

抗凝瓶的准备

可用小试管或空青霉素小瓶,选用下列一种抗凝剂:乙二胺四乙酸二钠(EDTA-2Na)为血糖测定首选抗凝剂之一。用时配成1‰水溶液分装,抗凝用量为1~2 mg/mL 血,室温下干燥。草酸盐抗凝用量为 2 mg/mL 血,不得超过 3 mg/mL 血,可在 80℃下干燥,若温度达到 100℃则易分解为碳酸盐。氟化钠(NaF)用量为 4 mg/mL 血,为糖酵解抑制剂,亦有抗凝作用,常与草酸钾、EDTA 混合使用。

实验二十九　摘除肾上腺对动物的影响

一、实验目的

掌握肾上腺的作用及其对生命活动的重要性,了解研究内分泌腺功能的摘除实验方法。

二、实验原理

肾上腺包括皮质部和髓质部,皮质部主要分泌糖皮质激素、盐皮质激素和少量的性激素,主要作用是调节机体的水盐代谢、三大营养物质代谢和机体的抗应激能力,当皮质机能不足时,水盐代谢紊乱,三大物质代谢障碍,机体抗应激能力下降,动物很快就会死亡。髓质部主要分泌肾上腺素和去甲肾上腺素,对循环系统、神经系统、消化系统等有重要的生理作用,与皮质激素协同调节机体对有害刺激的反应,增强应激能力。

三、实验材料

1. 实验对象　成年小鼠。
2. 实验试剂　乙醚、1% 氯化钾、1% 氯化钠、自来水、4℃ 冰水。
3. 仪器与器材　手术器械一套、无菌敷料、小动物解剖台、大烧杯、玻璃缸、酒精棉球、碘酊等。

四、实验步骤与记录

实验步骤	实验记录
1. 肾上腺摘除手术。 将小鼠放在倒扣的大烧杯中,投入一小团蘸有乙醚的脱脂棉,待小鼠麻醉后,将小鼠俯卧位固定于解剖台上,于最后肋骨至骨盆区之间背部剪毛。用碘酊消毒手术部位皮肤,再用酒精棉球进行脱碘,从最后胸椎处向后,沿背部中线切开皮肤 1.0~1.5 cm。在一侧于背最长肌的外缘分离肌肉、扩创、暴露脂肪囊,找到肾脏,在肾脏的前内侧方可发现粉黄色、绿豆大小的肾上腺。用弯头眼科镊轻轻摘除肾上腺(不必结扎血管),将肌肉缝合。同法操作摘除另一侧肾上腺,最后缝合皮肤并消毒,并在头部涂上红色标记,放入饲养笼内。将取下的肾上腺放入培养皿中观察其形状。	手术过程记录: 突发事件: 处理措施: 肾上腺形状及特征:
2. 实验项目。 (1)肾上腺摘除小鼠的选择性饮水试验:手术后 24 h,分别用 1% 氯化钾、1% 氯化钠、自来水同时饲喂摘除肾上腺的小鼠。	小鼠饮水状况:
(2)1% 氯化钠和自来水对摘除肾上腺小鼠的影响:用 1% 氯化钠和自来水对摘除肾上腺的小鼠进行饲喂,1 周后观察。	小鼠表现:
(3)小鼠的游泳实验:分别将摘除肾上腺和正常未摘除肾上腺的小鼠放入盛有 4℃ 低温冰水的玻璃器皿中进行游泳,观察冷应激对小鼠的影响。	小鼠表现:

五、结果与分析

实验项目	结果与分析
1. 肾上腺摘除小鼠的选择性饮水试验。	1% 氯化钾＿＿＿只;1% 氯化钠＿＿＿只;自来水＿＿＿＿只。 原因:

续表

实验项目	结果与分析
2. 1% 氯化钠和自来水对摘除肾上腺小鼠的影响。	结果： 原因：
3. 小鼠的游泳实验。	结果： 原因：

六、思考题

1. 皮质激素缺乏，动物很快就会死亡，而髓质机能不足，动物仍能存活，为什么？

2. 肾上腺摘除小鼠对 1% 氯化钾，1% 氯化钠、自来水有不同的选择性，为什么？

3. 正常小鼠和摘除肾上腺小鼠在冰水中的活动不同，为什么？

4. 为什么饮用盐水能延长肾上腺摘除动物的寿命？

七、注意事项

1. 乙醚麻醉属于吸入麻醉，速度快，易掌握，缺点是容易苏醒，因此手术过程尽量快速熟练，避免动物苏醒造成对实验的影响。

2. 手术时应尽量避开血管，保持视野的清晰。

3. 手术前应对手术部位的解剖结构和肾上腺的结构了解清楚。

4. 注意肾上腺摘除术的无菌操作及术后护理。

【背景知识】

肾上腺

　　肾上腺位于两侧肾脏的上方,腺体分肾上腺皮质和肾上腺髓质两部分,周围部分是皮质,内部是髓质。两者在发生、结构与功能上均不相同,实际上是两种内分泌腺。在发生学上皮质与髓质的来源不同,而且两者也都和肾脏无关。皮质来自体腔上皮(中胚层),髓质与交感神经系统相同来源于神经冠(外胚层)。在胎儿期皮质和髓质相互靠近,形成肾上腺器官,此时,与髓质同系统的若干细胞,则不参与髓质的形成,而成小块散在主动脉附近。这些细胞块,称为旁神经节。其他脊椎动物,相当于皮质和髓质的组织,也和哺乳类同样形成,只是两者不像哺乳类那样紧密相接。在硬骨鱼类的前肾中,混有相当于皮质和髓质的部分。在软骨鱼类,有相当皮质的部分,称为间肾,是独立存在的;其相当于髓质的部分,则称为肾上腺,散在肾的表面。到两栖类,两部分才开始密切起来;在爬行类和鸟类,位置也靠近肾脏的上部,并独立存在。

　　肾上腺皮质较厚,位于表层,约占肾上腺的80%,从外往里可分为球状带、束状带和网状带3部分。肾上腺皮质分泌的皮质激素分为3类,即盐皮质激素、糖皮质激素和性激素。动物摘除双侧肾上腺后,如不适当处理,1~2周即死去,如仅切除肾上腺髓质,动物可以存活较长时间,说明肾上腺皮质是维持生命所必需的。分析动物死亡的原因,主要有两个方面:其一是机体水盐损失严重,导致血压降低,终于因循环衰竭而死,这主要是缺乏盐皮质激素所致;其二是糖、蛋白质、脂肪等物质代谢发生严重紊乱,对各种有害刺激的抵抗力降低,导致功能活动失常,这是由于缺乏糖皮质激素的缘故。若及时补充肾上腺皮质激素,动物的生命可以维持。糖皮质激素作用:①对物质代谢的影响:糖皮质激素对糖、蛋白质和脂肪代谢均有作用。②对水盐代谢的影响:皮质醇有较弱的贮钠排钾作用,即对肾远由小管及集合管重吸收和排出钾有轻微的促进作用。此外,皮质醇还可以降低肾小球入球血管阻力,增加肾小球血浆流量而使肾小球滤过率增加,有利于水的排出。皮质醇对水负荷时水的快速排出有一定的作用,肾上腺皮质功能不足患者,排水能力明显降低,严重时可出现"水中毒",如补充适量的糖皮质激素即可得到缓解,而补充盐皮质激素则无效。有资料指出,在缺乏皮质醇时,ADH释放增多,集合管对水的重吸收增加。③对血细胞的影响:糖皮质激素可使血中红细胞、血小板和中性粒细胞的数量增加,而使淋巴细胞和嗜酸性粒细胞减少,其原因各有不同。红细胞和血小板的增加,是由于骨髓造血功能增强;中性粒细胞的增加,可能是由于附着在小血管壁边缘的中性粒细胞进入血液循环增多所致;至于淋巴细胞减少,可能是糖皮质激素使淋巴细胞 DNA 合成过程减弱,抑制胸腺与淋巴组织的细胞分裂。此外,糖皮质激素还能促进淋巴细胞与嗜酸性粒细胞破坏。④对循环系统的影响:对维持正常血压是必需的。糖皮质激素能增强血管平滑肌对儿茶酚胺的敏感性(允许作用);能抑制具有血管舒张作用的前列腺素的合成;降低毛细血管的通透性,有利于维持血容量。⑤在应激反应中的作用:当机体受到各种有害刺激,如缺氧、创伤、手术、饥饿、疼痛、寒冷以及精神紧张和焦虑不安等,血中 ACTH 浓度立即增加,糖皮质激素也相应增多。能引起 ACTH 与糖皮质激素分泌增加的各种刺激称为应激刺激,而产生的反应称为应激(stress)。在这一反应中,除垂体-肾上腺皮质系统参加外,交感-肾上腺髓质系统也参加,所以,在应激反应中,血中儿茶酚胺含量也相应增加。切除肾上腺髓质的动物,可以抵抗应激而不产生严重后果,而当去掉肾上腺皮质时,则机体应激反应减弱,对有害刺激的抵抗力大大降低,严重时可危及生命。

　　髓质位于肾上腺的中央部,周围有皮质包绕,上皮细胞排列成索,吻合成网,细胞索间有毛细血管和小静脉。此外,还有少量交感神经节细胞。该部上皮细胞形态不一,核圆,位于细胞中央,胞质内有颗粒。若经铬盐处理后,显棕黄色,故称为嗜铬细胞。嗜铬细胞用组织化学方法又可分为两型:一类为肾上腺素细胞,胞体大,数量多;另一类为去甲肾上腺素细胞,胞体小,数量少。肾上腺髓质分泌肾上腺素和去甲肾上腺素。前者的主要功能是作用于心肌,使心跳加快、加强;后者的主要作用是使小动脉平滑肌收缩,从而使血压升高。

　　髓质与交感神经系统组成交感-肾上腺髓质系统,或称交感-肾上腺系统,所以,髓质激素的作用与交感神经紧密联系,难以分开。生理学家 Cannon 最早全面研究了交感-肾上腺髓质系统的作用,曾提出应急学说(emergency reaction hypothesis),认为机体遭遇特殊情况时,包括畏惧、剧痛、失血、脱水、乏氧、暴冷暴热以及剧烈运动等,这一系统将立即调动起来,儿茶酚胺(去肾上腺素、肾上腺素)的分泌量大大增加。儿茶酚胺作用于中枢神经系统,提高其兴奋性,使机体处于警觉状态,反应灵敏;呼吸加强加快,肺通气量增加;心跳加快,心缩力增强,心排血量增加。血压升高,血液循环加快,内脏血管收缩,骨骼肌血管舒张同时血流量增多,全身血液重新分配,以利于应急时重要器官得到更多的血液供应;肝糖原分解增加,血糖升高,脂肪分解加强,血中游离脂肪酸增多,葡萄糖与脂肪酸氧化过程增强,以适应在应急情况下对能量的需要。总之,上述一切变化都是在紧急情况下,通过交感-肾上腺髓质系统发生的适应性反应,称之为应急反应。实际上,引起应急反应的各种刺激,也是引起应激反应的刺激,当机体受到应激刺激时,同时引起应急反应与应激反应,两者相辅相成,共同维持机体的适应能力。

附录一 生理实验常用试剂

一、各种生理盐溶液的配制

生理盐溶液为代体液,用于维持离体组织、器官及细胞的正常生命活动。它必须具备下列条件:既渗透压与组织液相等;应含有组织、器官维持正常机能所必须的比例适宜的各种盐类离子;酸碱度应与血浆相同,并具有充分的缓冲能力;应含有氧气和营养物质。

动物的种类不同,体液的组成各异,渗透压也不一样。因此,作为代体液的生理盐溶液,在组成成分上要有相应的区别。如两栖类动物体液的渗透压相当于0.65% NaCl溶液;哺乳类动物体液的渗透压则相当于0.9% NaCl溶液;海生动物体液的渗透压约相当于3.0% NaCl溶液。

对氧和营养物质的需要,不同的动物及组织也有差异,如两栖类动物的组织器官对氧和营养物质的 需要程度明显低于哺乳动物。

由于研究的目的不同,生理盐溶液的组成成分也可作变动。生理实验中最常用的大体有3种:蛙心灌注多用任氏液,哺乳动物的实验多用乐氏液,而哺乳动物的离体小肠实验多用台氏液(表附1-1)。

这些代体液不宜久置,一般临用时配制。为了方便可事先配好代体液所需的各种成分较浓的基础液(表附1-2),使用时按所需量取基础液于量杯中,加蒸馏水到定量刻度即可。配制生理盐溶液时,容易起反应而沉淀的主要是钙离子,所以氯化钙应最后加。

表附 1-1　常用生理盐溶液及其成分

药品名称	任氏液	乐氏液	台氏液	生理盐水	
	两栖类	哺乳类	哺乳类(小肠)	两栖类	哺乳类
氯化钠(NaCl)	6.5 g	9.0g	8.0 g	6.5 g	9.0 g
氯化钾(KCl)	0.14 g	0.42g	0.2 g		

续表附 1-1

药品名称	任氏液	乐氏液	台氏液	生理盐水	
	两栖类	哺乳类	哺乳类（小肠）	两栖类	哺乳类
氯化钙（$CaCl_2$）	0.12 g	0.24g	0.2 g		
碳酸氢钠（$NaHCO_3$）	0.2 g	0.1~0.3g	1.0 g		
磷酸二氢钠（NaH_2PO_4）	0.01 g	—	0.05 g		
氯化镁（$MgCl_2$）	—	—	0.1 g		
葡萄糖	2.0 g(可不加)	1.0 g	1.0 g		
加蒸馏水至	1 000 mL	1 000 mL	1 000 mL	1 000 mL	1 000 mL

二、常用血液抗凝剂的配制及用法

1. 肝素

肝素的抗凝作用很强,常用来作为全身抗凝剂,尤其是进行动物循环方面的实验,肝素的应用更有其重要意义,纯的肝素每 10 mg 能抗凝 100 mL 血液。用于试管内抗凝时,一般可配成 1% 肝素生理盐水溶液。方法是取已配制好的 1% 肝素生理盐水溶液 1 mL 加入试管内,加热 100℃ 烘干,每管能抗凝 5~10 mL 血液。用于动物全身抗凝时,一般剂量:兔 10 mg/kg 体重;犬 5~10 mg/kg 体重。

表附 1-2 配置生理盐溶液所需的基础溶液及所加量

成分	浓度/%	任氏液	乐氏液	台氏液
氯化钠（NaCl）	20	32.5 mL	45.0 mL	40.0 mL
氯化钾（KCl）	10	1.4 mL	4.2 mL	2.0 mL
氯化钙（$CaCl_2$）	10	1.2 mL	2.4 mL	2.0 mL
碳酸氢钠（$NaHCO_3$）	5	4.0 mL	2.0 mL	20.0 mL
磷酸二氢钠（NaH_2PO_4）	1	1.0 mL	—	2.0 mL
氯化镁（$MgCl_2$）	5	—	—	2.0 mL
葡萄糖		2.0 g(可不加)	1.0 g	1.0 g
加蒸馏水至		1 000 mL	1 000 mL	1 000 mL

2. 枸橼酸钠

常配成 3%~5% 水溶液,也可直接使用粉剂,3~5 mg 可抗凝 1 mL 血液。

枸橼酸钠可使血液中的钙形成难以离解的可溶性复合物,从而使血液不凝固。但抗凝作用较差,且碱性较强,不宜作化学检验用,可用于红细胞沉降速度测定等。生理学实验常用5%～10%的水溶液,这一浓度只能用于体外抗凝。如果倒流入体内,会使动物发生枸橼酸钠休克。

3.草酸钾

1～2 mg 草酸钾可抗凝 1 mL 血液。如配成 10% 水溶液,每管加 0.1 mL,可使 5～10 mL 血液不凝固。

三、生理实验中常用药品介绍

1.乙酰胆碱

乙酰胆碱的作用与刺激胆碱能神经的效应相似,在体内易被胆碱酯酶所分解,所以作用时间短暂,如果同时应用毒扁豆碱,可以延长作用时间。乙酰胆碱在空气中极易潮解,应密闭保存,使用时临时配成溶液,生理实验常用乙酰胆碱浓度为0.001%。

2.肾上腺素

肾上腺素的作用与刺激肾上腺素能神经的效应相似,见光易分解,应避光保存。如由无色变成红色,即失效。在生理实验中,常以盐酸肾上腺素注射液临时稀释成 0.01% 水溶液。

3.阿托品

对抗乙酰胆碱,能解除迷走神经对组织器官的作用。用乙醚麻醉时,可阻抑气管黏液分泌,防止气管堵塞。一般使用浓度为 1% 的硫酸阿托品溶液。

4.双氧水

双氧水的强氧化剂,能将血块、坏死组织等除去,但不稳定,作用时间很短。3% 双氧水一般用于慢性手术中清洗创口;5% 双氧水用于埋藏电极时,清洗颅骨和止血。由于双氧水的作用不稳定,容易失效,常以 30% 的浓度保存,临用时再稀释。

5.促胰液素

促胰液素的制备方法简单易行,而且效果比较满意。常用预备实验动物(犬或猪)的十二指肠制备,不需购买。下面介绍两种制备方法。

1)粗制法

(1)在急性实验的犬或猪刚死后,马上截取它的十二指肠和上段空肠 1 m 左右,用自来水缓慢冲洗,冲净肠内容物。用线结扎肠管的一端,向肠管内注入 0.5％ HCl 溶液约 500 mL,再结扎肠管另一端。静候 0.5～1 h 后,将肠管里的盐酸倒入烧杯中,并用手轻轻地挤出残余的盐酸,此液内即含有促胰液素。将其煮沸后加入氢氧化钠溶液,使呈碱性反应(pH 8～9),然后再慢慢地加入盐酸溶液,使略呈酸性反应(pH 5～6),此时就有大量沉淀物析出,将此液体过滤,即得含有促胰液素的液体。如果不急用,可将此液放入冰箱保存,或者将从肠管里倒出的盐酸溶液放入冰箱内暂时保存,使用时再照上法制备。

（2）在急性实验的犬或猪刚死后,马上截取它的十二指肠和上段空肠 1 m 左右,用自来水缓慢冲洗干净。顺肠管纵向剪开平铺在木版上,用解剖刀刮下全部黏膜放入研钵,再加细碎玻璃约 5 g 和 0.5％ HCl 溶液 10～15 mL 共同研磨。将研碎的稀浆倒入瓷杯中,再加 0.5％ HCl 溶液 100～150 mL,煮沸 10～15 min,用 10％～20％ NaOH 溶液趁热中和,边加边用玻璃棒搅拌,不时地用 pH 试纸检查,待到中性时过滤即可。急性实验的促胰液素可以调至弱酸性(pH 5～6)。已制好的促胰液素应保持在冰箱中。

2）精制法

在急性实验的犬或猪刚死后,马上截取它的十二指肠和上段空肠 1 m 左右,用自来水缓慢冲洗干净。轻轻刮取其黏膜,用相当于黏膜体积 4 倍的酒精来抽提,取上清液加入 0.1 mol/L CaCl₂ 溶液进行沉淀或皂化其中的脂肪,过滤后,将滤液在低温真空中蒸发,待蒸发到剩原来体液的 1/4 时,加入 1％ 醋酸(每 100 mL 加 3 mL 醋酸)混匀。15 min 后用离心机离心。取沉淀下来的胶性物,反复用无水乙醇抽提,弃去不能抽提的沉渣,然后浓缩乙醇提取液,用相当于此液 4 倍的丙酮沉淀,再取沉淀物用丙酮洗干,即可得到较纯净的促胰液素。这样制备的胰液素可以长期保存。

四、生理实验常用的骨骼肌松弛药

在生理实验中,骨骼肌松弛药主要用于需完全消除动物的躯体活动,以免影响实验观察,例如,某些应用微电极技术的急性实验,还有些实验需在不受麻醉药干扰而动物又能安静不动的条件下进行。前一类实验可在已用药物麻醉的基础上加用骨骼肌松弛药;后一类实验则先行短时程的麻醉以完成准备手术,待动物清醒,再用骨骼肌松弛药消除躯体的运动机能。由于所用药物剂量能使包括呼吸肌在内的全部骨骼肌麻痹,必须用人工呼吸机代替自主呼吸。常用的有以下几种:

1. 氯化铜箭毒

易溶于水,溶液甚为稳定,可储存较长时间而不失效,并能耐受高压消毒。箭毒类属于非除极型骨骼肌松弛药,可与神经-肌肉接头突触后膜的胆碱能受体结合,阻断乙酰胆碱的作用而产生肌松效应。箭毒从胃肠吸收很慢,需用静脉(不能从口给药)给药,致骨骼肌松弛的顺序,一般是眼肌、面肌最先,而后为颈肌(出现垂头)、四肢及背部肌肉,再后为腹壁及肋间肌,最后为膈肌,终致呼吸停止。其他骨骼肌松弛药作用顺序与此大致相同。

乙醚与箭毒有协同作用,两者合用时箭毒剂量减至常量的1/3即可。哺乳动物静脉注射常用剂量为 1 mg/kg 体重。

2. 三碘季胺酚

易溶于水,溶液稳定,可久置,属非除极型骨骼肌松弛药,对神经-肌肉接头产生竞争性阻滞作用。它对迷走神经有选择性阻滞效应,可导致心动过速。在猫,能引起组织胺释放,并能抑制胆碱酯酶,使血压短暂下降。对犬无明显组织胺释放作用,不致引起血压下降,所以此药用于犬比箭毒安全。其肌松作用仅及箭毒的1/7~1/5。哺乳动物静脉注射常用剂量 1~2 mg/kg 体重.,也有比此剂量更高的。

3. 琥珀酰胆碱

易溶于水,溶液不稳定,易分解,应用时临时配置。为除极型骨骼肌松弛药,其作用强度因动物种属而异。由于作用时引起肌肉除极,可出现束颤。它有烟碱样效应,能兴奋副交感神经而使胃肠运动增强,引起排尿和流涎。对支配心脏的植物性神经有刺激作用,可导致心律失常,甚至血压下降。大剂量对神经节有阻滞作用。此药作用时间短暂,肌肉活动在单次注射后 10 min 左右即见恢复,故需要在相应时间内重复给药,或采取静脉滴注法以维持药效。哺乳动物常用剂量一般为 1 mg/kg 体重,必要时加大剂量。

附录二　常用实验动物部分生理参数

表 1　几种动物的常规生理指标

动物种类	红细胞 /(10^{12}/L)	白细胞 /(×10^3 个/L)	红细胞压积/%	血红蛋白 /(g/L)	心率 /(次/min)	体温 /℃	呼吸频率 /(次/min)
马	6.0～9.0	8 000	44.0	80～150	30～45	37.5～38.5	8～16
牛	6.0	8 200	35.0	90～140	40～80	37.5～39.5	10～25
猪	6.0～8.0	14 800	39	100～150	60～80	38.5～39.5	10～30
山羊	15.0～19.0	9 600	34.0	70～140	60～80	38～39.5	12～30
猫	7.5	13 200	40.0	125	110～130	38.5～39.5	10～30
犬	6.7	11 500	45.5	165	70～120	37.5～39	10～30
豚鼠	5.4	9 900	42.0	134	280	37.8～39.5	60
兔	6.2	8 100	41.5	134	120～140	38～39.5	50～60
大鼠	7.3	9 800	46.0	152	216～600	38.5～39.5	66～144
小鼠	8.6	9 200	45.0	142	376	36.5	94
猴	5.4	11 300	40.0	130	227	39.7	40
鸡	3.0～3.8	23 400	40～42	127～142	120～200	40～42	15～30

表 2　常用实验动物的生理指标

指　标		小鼠	大鼠	豚鼠	家兔	猫	犬
适用体重/kg		0.018~ 0.02	0.1~ 0.2	0.3~ 0.6	1.5~ 2.5	2~3	5~15
寿命/年		1.5~ 2.0	2.0~ 2.5	6~8	5~7	6~10	10~15
性成熟年龄/月		1.2~ 1.7	2~8	4~6	5~6	10~12	10~12
孕期/日		20~22	21~24	65~72	30~35	60~70	58~65
血压/kPa(mmHg)		12.7~ 16.7	13.3~ 16.0	10.0~ 12.0	10.0~ 14.0	10.0~ 17.3	9.3~ 16.7
血量/(mL/100g 体重)		7.8	6.0	5.8	7.2	7.2	7.8
血小板/(10^4/mm³)		60~110	50~100	68~87	38~52	10~50	10~60
白细胞总数/ (10^3/mm³)		6.0~ 10.0	6.0~ 15.0	8.0~ 12.0	7.0~ 11.3	14.0~ 18.0	9.0~ 13.0
白细胞 分类/%	嗜中性	12~44	9~34	22~50	26~52	44~82	62~80
	嗜酸性	0~5	1~6	5~12	1~4	2~11	2~24
	嗜碱性	0~1	0~1.5	0~2	1~3	0~0.5	0~2
	淋巴	54~58	65~84	36~64	30~82	15~44	10~28
	大单核	0~15	0~5	3~13	1~4	0.5~0.7	3~9

附录三　常用消毒药物配制及用途

消毒药名	常配浓度及方法	用　　途
新洁尔灭	1:1 000	洗手,浸泡手术器械
来苏尔	3%～5%	器械消毒,实验室场面,喷洒动物笼架,实验台消毒
煤酚皂溶液	1%～2%	洗手、皮肤洗涤
石炭酸	5%	器械消毒、实验室消毒
	1%	洗手、手术部位及皮肤洗涤
漂白粉	10%	消毒动物排泄物、分泌物、严重污染区域
	0.5%	实验室喷雾消毒
生石灰	10%～20%	污染的场面和墙壁的消毒
福尔马林	10% 甲醛溶液	器械消毒
甲醛溶液	40% 甲醛溶液	实验室熏蒸消毒
乳酸	100 m³ 4～8 mL	实验室熏蒸消毒
碘酊*		皮肤消毒,待干后用75%酒精脱碘
红汞消毒液2%	红汞2 g	黏膜消毒
升汞消毒液1%	升汞0.1%	洗手,手术部位皮肤洗涤
硼酸消毒液2%	硼酸2 g	洗涤直肠、鼻腔、口腔、眼睛膜等
雷佛奴尔消毒液1%	雷佛奴尔1 g	各种黏膜消毒,创伤洗涤

＊碘酊的配制:碘3～5 g,碘化钾3～5g,75% 酒精加至100 mL。

附录四　标准状态(STPD)气体容积的换算系数

气压		气温/℃						
mmHg	kPa	10	11	12	13	14	15	16
675	90.0	0.845 10	0.841 33	0.837 53	0.833 70	0.829 85	0.825 98	0.822 08
680	90.7	0.851 45	0.847 66	0.843 83	0.839 98	0.836 11	0.832 21	0.828 29
685	91.3	0.857 80	0.853 98	0.850 13	0.846 26	0.842 37	0.838 45	0.834 51
690	92.0	0.864 14	0.860 31	0.856 43	0.852 54	0.848 63	0.844 69	0.840 72
695	92.7	0.870 49	0.866 63	0.862 73	0.858 82	0.854 89	0.850 92	0.846 93
700	93.3	0.876 84	0.872 95	0.869 04	0.865 10	0.861 4	0.857 16	0.853 15
705	94.0	0.883 18	0.879 28	0.875 34	0.871 38	0.867 40	0.863 39	0.859 36
710	94.7	0.889 53	0.885 60	0.881 64	0.877 66	0.873 66	0.869 63	0.865 58
715	95.3	0.895 88	0.891 93	0.887 94	0.883 94	0.879 92	0.875 87	0.871 79
720	96.0	0.902 22	0.898 25	0.894 24	0.890 2	0.886 18	0.882 10	0.878 01
725	96.7	0.908 57	0.904 58	0.900 55	0.896 50	0.892 44	0.888 34	0.884 22
730	97.3	0.914 92	0.910 90	0.906 85	0.902 78	0.898 69	0.894 58	0.890 44
735	98.0	0.921 26	0.917 22	0.913 15	0.909 06	0.904 95	0.900 81	0.896 65
740	98.7	0.927 61	0.923 55	0.919 45	0.915 34	0.911 21	0.907 05	0.902 87
745	99.3	0.933 96	0.929 87	0.925 76	0.921 62	0.917 47	0.913 29	0.909 08
750	100.0	0.940 30	0.936 20	0.932 06	0.929 16	0.923 73	0.919 52	0.915 30
755	100.7	0.946 65	0.942 52	0.938 36	0.934 18	0.929 98	0.925 76	0.921 51
760	101.3	0.953 00	0.948 5	0.944 66	0.940 46	0.956 24	0.932 00	0.927 73
765	102.0	0.959 34	0.955 17	0.950 96	0.946 74	0.942 50	0.938 23	0.933 94
770	102.7	0.965 69	0.961 49	0.968 53	0.953 02	0.923 73	0.944 47	0.940 16

气压		气温/℃						
		17	18	19	20	21	22	23
mmHg	kPa							
675	90.0	0.818 13	0.814 14	0.810 13	0.806 07	0.801 97	0.797 82	0.793 62
680	90.7	0.824 32	0.820 32	0.816 28	0.812 20	0.808 08	0.803 90	0.799 68
685	91.3	0.830 51	0.826 49	0.822 43	0.818 33	0.814 19	0.809 99	0.805 75
690	92.0	0.836 71	0.832 66	0.828 58	0.824 46	0.820 30	0.816 08	0.811 82
695	92.7	0.842 90	0.838 83	0.834 73	0.830 59	0.826 41	0.822 17	0.817 89
700	93.3	0.849 10	0.845 01	0.840 88	0.836 72	0.832 52	0.828 26	0.823 96
705	94.0	0.855 29	0.851 18	0.847 04	0.842 85	0.838 26	0.834 35	0.830 03
710	94.7	0.861 48	0.857 35	0.853 19	0.848 98	0.844 73	0.840 4	0.836 09
715	95.3	0.867 68	0.863 52	0.859 34	0.855 11	0.850 84	0.846 82	0.842 16
720	96.0	0.873 87	0.869 70	0.865 49	0.861 24	0.856 95	0.852 61	0.848 23
725	96.7	0.880 06	0.875 87	0.871 64	0.867 37	0.863 06	0.858 70	0.854 30
730	97.3	0.886 26	0.882 04	0.877 79	0.873 50	0.869 17	0.864 79	0.860 37
735	98.0	0.892 45	0.888 21	0.883 49	0.879 63	0.875 28	0.870 8	0.866 43
740	98.7	0.898 46	0.894 38	0.890 09	0.885 76	0.881 39	0.876 79	0.872 50
745	99.3	0.904 84	0.900 56	0.896 24	0.891 89	0.887 50	0.883 06	0.878 57
750	100.0	0.911 03	0.906 73	0.902 40	0.898 02	0.893 61	0.889 14	0.884 64
755	100.7	0.917 2	0.912 90	0.908 55	0.904 51	0.899 72	0.895 23	0.890 71
760	101.3	0.923 42	0.919 07	0.914 70	0.910 28	0.905 813	0.901 32	0.896 77
765	102.0	0.929 61	0.925 62	0.920 85	0.916 41	0.911 94	0.907 41	0.902 84
770	102.7	0.935 80	0.931 42	0.927 00	0.922 54	0.918 05	0.913 50	0.908 91

气压		气温/℃						
		24	25	26	27	28	29	30
mmHg	kPa							
675	90.0	0.789 33	0.785 05	0.780 68	0.776 25	0.771 75	0.767 19	0.762 55
680	90.7	0.795 41	0.791 08	0.786 70	0.782 4	0.777 72	0.773 14	0.768 48
685	91.3	0.801 46	0.797 11	0.772 70	0.078 823	0.783 69	0.779 08	0.774 40
690	92.0	0.807 50	0.803 13	0.798 71	0.794 21	0.789 66	0.785 03	0.780 33
695	92.7	0.813 55	0.809 16	0.870 471	0.800 20	0.795 62	0.790 98	0.786 26
700	93.3	0.819 60	0.815 79	0.810 72	0.806 19	0.801 59	0.796 93	0.792 19
705	94.0	0.825 65	0.821 22	0.816 73	0.812 18	0.807 56	0.802 87	0.798 12
710	94.7	0.831 70	0.827 24	0.822 73	0.818 16	0.813 52	0.808 82	0.804 04
715	95.3	0.837 74	0.833 27	0.828 74	0.824 15	0.819 49	0.814 77	0.809 97
720	96.0	0.843 80	0.839 30	0.834 75	0.830 14	0.825 46	0.820 72	0.815 90
725	96.7	0.849 84	0.845 32	0.840 76	0.836 12	0.831 43	0.826 66	0.821 83
730	97.3	0.855 89	0.851 35	0.846 76	0.842 1	0.837 39	0.832 61	0.827 76
735	98.0	0.861 93	0.857 38	0.852 7	0.848 10	0.843 36	0.838 586	0.833 68
740	98.7	0.867 89	0.863 41	0.858 78	0.854 09	0.849 33	0.844 51	0.839 61
745	99.3	0.874 03	0.869 43	0.864 78	0.860 07	0.855 30	0.850 45	0.845 54
750	100.0	0.880 08	0.875 46	0.870 79	0.866 06	0.861 26	0.856 40	0.851 47
755	100.7	0.886 12	0.881 49	0.876 80	0.872 05	0.867 23	0.862 35	0.857 40
760	101.3	0.892 17	0.881 49	0.882 81	0.878 03	0.873 20	0.868 30	0.863 32
765	102.0	0.898 22	0.839 54	0.888 81	0.884 02	0.879 16	0.874 25	0.869 25
770	102.7	0.904 27	0.899 57	0.894 82	0.890 01	0.885 13	0.880 19	0.875 18

参考文献

1. 韩正康. 家畜生理学实验指导[M]. 北京:中国农业出版社,2006.
2. 王国杰. 动物生理学实验指导. 4 版[M]. 北京:中国农业出版社,2008.
3. 陆源,夏强. 生理科学实验教程[M]. 杭州:浙江大学出版社,2004.
4. 陆源,况炜,张红. 机能学实验教程[M]. 北京:科学出版社,2005.
5. 朱祖康,王艳玲. 家畜生理学实验指导[M]. 北京:中国农业科学技术出版社,
   1998.
6. 杨秀平,肖向红. 动物生理学实验. 2 版[M]. 北京:高等教育出版社,2009.
7. 李斌. 人体机能学实验指导[M]. 北京:中国中医药出版社,2006.
8. 冯国清,胡香杰. 机能学实验指导[M]. 郑州:郑州大学出版社,2007.
9. 邓雯. 动物生理学实验[M]. 北京:中国农业科学技术出版社,2009.